economics | 经济读物

实战大数据

DT时代
智能组织工作方法

江晓东◎著

中信出版集团·CHINACITICPRESS·北京

图书在版编目（CIP）数据

实战大数据：DT 时代智能组织工作方法 /（美）江
晓东著 . —北京：中信出版社，2016.1
　ISBN 978–7–5086–5679–3

　I.①实… II.①江… III.①数据处理 – 应用　IV.
① TP274

　中国版本图书馆 CIP 数据核字（2015）第 273451 号

实战大数据：DT 时代智能组织工作方法

著　　者：[美] 江晓东
策划推广：中信出版社（China CITIC Press）
出版发行：中信出版集团股份有限公司
　　　　　（北京市朝阳区惠新东街甲 4 号富盛大厦 2 座　邮编　100029）
　　　　　（CITIC Publishing Group）
承 印 者：中国电影出版社印刷厂

开　　本：787mm×1092mm　1/16　　印　张：18　　字　数：200 千字
版　　次：2016 年 1 月第 1 版　　印　次：2016 年 1 月第 1 次印刷
广告经营许可证：京朝工商广字第 8087 号
书　　号：ISBN 978–7–5086–5679–3 / F · 3539
定　　价：48.00 元

前 言　　IX

第一部分　大数据全景图 / 001

第一章　大数据：误解与事实 / 003

哪种数据算大数据，哪种不算 / 003

大数据能做什么，不能做什么 / 005

谁能从大数据中获益，谁不能 / 007

大数据全球应用趋势 / 009

大数据全球应用挑战 / 011

案例：谷歌流感趋势预测之误 / 012

第二章　中国应用大数据的现实挑战 / 015

缺乏数据隐私及安全的法律保护 / 016

大数据可靠性易受各种因素影响 / 017

大数据地方割据导致共享利用率低 / 018

大数据社会监管水平低 / 019

大数据可用性差 / 019

运用创新差距小和技术创新差距大并存 / 020

案例："小时代"之"观众去哪儿了" / 021

第二部分　大数据创新运用 / 025

第三章　确认大数据 / 027

确认业务用例 / 028

理清决策中的（大）数据需求 / 029

根据需求确定大数据来源 / 033

根据（大）数据需求确定所需数据管理资源 / 033

案例：Carfax 之确认大数据篇 / 034

案例：大数据之百融金服 / 039

第四章　收集大数据 / 047

购买大数据 / 047

截取大数据 / 048

搜索大数据 / 049

运用大数据收集做创新 / 050

案例：Carfax 之采集大数据篇 / 052

案例：Acxiom——从大数据掮客到服务商的华丽转身 / 054

第五章　存储大数据 / 061

大数据本地存储 / 062

大数据云存储 / 063

大数据储存管理 2015 年新趋势 / 065

运用大数据存储做创新 / 067

案例：Carfax 之存储大数据篇 / 068

案例：DropBox 云存储颠覆性创新的故事 / 072

第六章　管理大数据 / 079

大数据管理的一般职责 / 079

大数据可视化行动 / 081

大数据管理一般原则 / 082

运用大数据管理做创新 / 083

案例：Carfax 之管理大数据篇 / 084

案例：明略数据 / 088

第七章　分析计算大数据 / 093

大数据分析及其常见方法 / 093

机器学习 / 097

数据挖掘 / 098

运用大数据分析及可视化做创新 / 102

案例：Carfax 之大数据分析篇 / 104

案例：九次方力量下的大数据 / 108

第八章　大数据企业产品创新 / 115

大数据硬件产品创新 / 116

大数据软件产品创新 / 119

大数据虚拟现实产品创新 / 120

如何做高效大数据产品创新 / 121

案例：Carfax 之大数据产品研发篇 / 125

案例：爱奇艺——大数据技术与娱乐艺术的两位一体 / 129

第九章　大数据企业服务创新 / 137

企业内部大数据服务创新 / 137

企业外部大数据咨询服务创新 / 138

大数据企业客户解决方案 / 138

大数据政府客户解决方案 / 139

案例：百度——做靠谱的大数据预测 / 140

案例：国美在线大数据平台服务 / 147

第十章　大数据政府服务创新 / 157

　　大数据开放式免费公共服务 / 161

　　大数据开放式付费服务 / 162

　　大数据应用内部创新服务 / 163

　　大数据公共教育创新 / 164

　　案例：深圳"织网工程"大数据实录 / 166

　　案例：青岛政府大数据服务创新 / 173

第十一章　大数据个人运用创新 / 179

　　利用大数据搜索引擎寻找商机 / 179

　　通过跟踪社交媒体改进产品服务 / 181

　　网站访客数据量化管理创造商机 / 181

　　运用自身掌握的大数据技术创业创新 / 182

　　案例：人人可用的大数据魔镜 / 183

　　案例：腾云天下 / 192

第三部分　大数据创新后续 / 201

第十二章　大数据创新准备清单 / 203

　　以业务用例为中心 / 204

　　解决方案与算法基本点 / 206

　　大数据工具基本点 / 206

　　大数据创新产品服务组合管理 / 207

　　案例：肯硕揭开华尔街百年赚钱秘诀 / 207

　　案例：世界第一个预警埃博拉病毒的健康地图 / 214

第十三章　中国足球的大数据解决方案 / 221

　　大数据为德国队夺冠锦上添花 / 221

中国足球的核心问题 / 226

中国足球的出路何在 / 228

大数据如何帮助中国足球 / 230

精英式培训 + 战术创新 + 大数据运用 = 中国足球重回世界杯 / 233

附录 1　大数据 2015 年创新经验教训清单 / 241

附录 2　2015 年大数据创新应用趋势 / 253

附录 3　美国 2015 年获得最多投资支持的 10 个大数据初创企业 / 257

附录 4　2015 年大数据分析厂商中国前 50 名排行榜 / 259

后　记 / 263

致　谢 / 271

参考文献 / 273

据《福布斯》杂志和谷歌统计，2013 年以来世界上被搜索频率最高，同时又被过度使用、最容易产生误解、最能忽悠人、被炒作最厉害的词非"大数据"莫属。谈论大数据已经成为一种时尚。从政府官员到工商界，从 IT（信息）产业到媒体，甚至街头巷尾的普通人，很多人都在谈论大数据。对一些人而言，似乎谈及这个词，谈话才上档次。如果要问什么是大数据，他们也会给出自己的理解，尽管其中不乏误解。

在这种时尚影响下，很多有关大数据的大作纷纷面世并一时洛阳纸贵。在众多大作谈论大数据是什么（What）之后，本书将阐述如何（How）运用大数据：比如企业该如何具体运用日新月异的大数据和（移动）互联网去做产品和服务创新；政府应如何根据社会公共服务需求，运用大数据技术和创新思路，建设和管理智慧城市、社区，增强决策能力，提高公共服务水平和质量，向企业和社会推出各种大数据创新服务项目；个人又如何利用大数据去发现自己感兴趣的事物，进而结合商业、科技或政府需求，进行大数据创新产品和服务的创业、研发等。笔者通过在美国多家高科技企业担任资深数字产品经理的经历，以及对时下最新中美大数据、互联网创新实践的研究，通过对 20 多个正在发生的商业和政府大数据创新案例的研究、分析和点评，运用大数据的生命周期管理作为系统方法，即从大数据的界定、收集、储存、管理、分析计算和可视化到形成产品、服务项目的全过程，具体形象、有步骤地向读者展示如何具体运用大数据进行创新实战，如何利用大数据进行信息搜索、查询，进而进行创新创业的路线图。本书注重知识性、实用性、娱乐性和可操作性的统一，适合一切对大数据应用及创新感兴趣的、正在规划或进行大数据项目和创业的企业、政府、大学、研究所和个人。无论您是大数据项目的决策者、用户、项目经理、产品研发测试人员、教育和研究人员、学生，还是产品或项目投资人，甚至是对大数据感兴趣的一般读者，都可以从本书分享的中美企业及政府机构大数据创新成功经验和失败教训中得到启发和警示。

本书共分三部分。全书主线紧紧围绕"大数据巧应用，小数据大应用"这一理念展开。第一部分第一章利用全球通用的大数据认知，以通俗易懂的方式对其真实面孔进行全景式概括，包括大数据与非大数据的界定、大数据的适用对象及其应用范围等。第二章列举中国运用大数据的主要挑战并探讨应对措施。

第二部分包括第三章到第十一章。从第三章到第八章，一个具体案例作为纵轴，贯穿大数据生命周期的各个环节。该案例具体形象地讲述了一个美国两人小公司如何从一无所有，到运用所获小数据一步步成就大数据产品创新和服务，造就 8 亿美元年产值，管理 110 亿条数据记录并成为汽车行业大数据领军企业的传奇故事。分散在这部分的其他各个案例则作为横轴，向读者讲述中美两国企业、政府和个人如何利用大数据做产品和服务创新的精彩故事。这些案例涵盖了娱乐、广告、医疗、电商、互联网、银行、能源、教育、移动设备以及政府公共服务各个领域，充分体现了"大数据巧应用"的理念。任何成熟健全的市场经济都应关注个人在其中的作用。大数据应用也不例外。本书第二部分还单列一章，讲述每个感兴趣的人可以如何利用大数据，或者结合自己的特长，通过大数据做研究、创新和创业。像其他任何创新一样，大数据创新也遵循一些产品创新的基本原则和高效方法。这些方法包括我在《像金融投资一样做创新》一书里提出的创新产品组合管理系统方法。这部分每个章节涉及的大数据管理各阶段及其方法都可以作为企业、政府利用大数据研发创新产品和服务的一种利器。把这些方法综合运用起来，就可以源源不断地开发出大数据产品和服务的创新组合，从而使企业、政府的创新投资收益最大化成为可能。

本书第三部分有两章。第十二章列出并总结了企业、政府和个人运用大数据做创新的清单。尽管 2014 年世界杯足球赛已经结束，中国作为一个拥有数亿球迷的大国却屡次与世界杯失之交臂的事实，实在令人遗憾。由于作者的特殊爱好，第十三章专门论述了为什么大数据可以部分解释中国足球队今天的困境，以及社会可以如何利用大数据和中国古老的蹴鞠战术配以现代足球技术创新来圆中国足球梦的设想。本书最后总结了世界范围内最流行的运用大数据的基本流程、研发工具、管理程序、人员资质配置清单，供感兴趣的企业、政府机构做参考。2015 年，世界大数据创新的趋势有哪些？对此感兴趣的企业、政府和个人又应该朝哪些方向努力？我也专门收集了世界各大企业的预测并汇总了这些小数据呈现在这部分。

眼下很多企业和政府机构当前业务面对的大量数据从严格意义上说都不属于大数据的范畴，充其量算是"数据大"。然而，如果现在就能充分利用并管理好这些数据，领导层在战略和认知高度，真正把数据当作一项重要资产，划拨专项资金用以收集、储备、管理、分析、利用好现有数据，培训好相关的专业人力资源，随着时间推移，等到这些相关数据的构成形式和表现方式更多样化、呈现几何数量增加，逻辑关系和相关性变得异常复杂且不断变化，从硬件和软件方面，企业和政府机构就具备了处理和管理大数据的能力。这正是"小数据大应用"之妙。

　　大数据无疑是当下世界创新潮流的一个重要形式。大数据正处在其运用的"初级阶段"，大家都在"摸着石头过河"。全世界似乎人人都在谈，都想做，但很难准确、清晰地知道自己在做什么。但毫无疑问的是，大数据对今天中国的意义，绝不亚于2000年互联网电子商务的兴起给整个社会带来的巨大影响。正所谓："大数据革命一声炮响，给我们带来了第三次信息浪潮。"大数据浪潮带来机遇的同时也给中国带来前所未有的挑战。尽管当下中国社会从政府、企业到个人，对大数据表现出浓厚的兴趣和运用冲动，但对数据文化的培养及其在社会管理、企业决策和个人创业方面的应用离西方发达国家还有一定的差距。各种大数据供应、储存、咨询商主要还是被西方跨国企业垄断。在中国市场尚处于形成应用雏形的初级阶段，西方各相关跨国企业纷纷登陆中国，抢占大数据应用市场。这种情形就像雅虎前中国总经理谢文先生担忧的，中国如果不及时反应，恐怕要沦为外国企业的大数据殖民地。令人欣喜的是，中国的大数据产业在应用方面与西方差距在缩小。时不我待，随着大数据在全社会范围内被广泛关注和应用，中国从政府到企业，如果能逐步、大幅度地改变固有思维，使得依靠数据和证据（Evidence-Based Decision）来做企业、政府和个人决策成为驱动企业业务和政务创新的常态模式，再配合云计算、（移动）互联网等新兴技术，可以期待的是，整个中国社会在转型时期的创新和国际竞争力大幅提高的那一天会比我们预期中的来得快。愿本书能在此过程中贡献绵薄之力。

第一部分

大数据全景图

第一章　大数据：误解与事实

哪种数据算大数据，哪种不算

现在你只要在百度输入"大数据"这个关键词，就可以找到大量关于大数据的定义。由于其中大部分内容都聚焦于对其规模的描述，大众容易产生误解，以为只有数量足够大的数据才能称得上是"大"数据。据说"大数据"这个词在 2010 年被创造出来的时候就是故意设计成一个主观性很强的词，在定义上采用了动态形式，即大数据是对一个总是处在变化过程中的数据集合及其特征的描述。世界公认的大数据专家托马斯·H·达文波特认为将大数据活动及其技术用以分析计算信息始于 20 世纪 50 年代中期，从这时开始到 2009 年为分析（Analytics）1.0 时代。其特点是数据源少，主要表现形式为公司内部结构化数据，数据用于"事后诸葛亮"式的事件分析，即向后看。而分析 2.0 时代始于 2010 年（"大数据"这个词在这一年开始被正式使用）。与第一阶段不同，该阶段主要特征表现在这几个基本方面：公司使用大量外部数据，数据量急剧增加，数据往往非结构化（即这种数据无法准确地储存在传统的数据库里）。然而仅仅三年后，我们的社会就进入第三阶段，分析 3.0 时代。这时，各大公司开始主动或被迫地使用大量的结构化和非结构化数据，这些数据同时来自内部和外部，这时的大数据开始用于预测未来趋势和洞察未知事件——属于向前看。

在众多的大数据定义里，我最欣赏的还是 Gartner（高德纳）公司简明扼要的描述，即大数据是高容量（Volume）、高度复杂（Variety）和高速变化（Velocity），难以用传统数据处理方式管理的数据集。这三个"大 V"是人们通常用以表述大数据的简单方法。我再加两个大 V 作为限制条件，即大数据本身必须具有高度真实（Veracity）和高价值（Value）特性。换言之，如果原始数据从一开始就被刻意篡改或加工过，或者对用户没有太大的商业、技术或社会价值，这些数据集就变得毫无意义，即所谓的"噪声"。斯坦福大学还提出了另外两个大 V，时效性（Volatility，即数据集在多长时间内有效）和变化率（Variability，即不可预测的数据流及其变化程度）。

以此衡量，符合这几个特征的数据集就是大数据。反之，就可能不是。另外，还有一个辨别方法是根据企业对大数据的认知和实践来判断，即一个企业或机构是否把收集、分析、处理和使用大容量、多变化、多样化、数字化的数据，作为重要决策以及日常运营的依据。如果对此表示认可，就说明该企业或机构对大数据有充分的了解，并在其战略过程中付诸实践，反之则不然。

目前社会上对大数据有很多误解，最常见的就是认为数据集必须足够大，至少要以 PB（1PB=1 024TB，1TB=1 024GB）为基本单位才能称作"大数据"。这种理解过分简单化。其实一个容量小的数据集，如果足够复杂，也可看作大数据。比如像著名数据分析师马可·里吉门纳姆在一次演讲中指出，一个人的 DNA 基因序列数据只有 800MB，属"小数据"，但是在这些基因序列中，有 40 亿条信息片断和大量的模式，无论从多样化还是计算机处理速度的角度看，都绝对属于大数据。另外一个误解就是大数据只有用特定的、专门用于储存和操作管理大数据的工具如 Hadoop（海杜普，一个能够对大量数据进行分布式处理的软件框架）才能处理。而实际上全世界目前也只有 16% 的大公司在真正使用 Hadoop。（处理大数据的流行工具参见附录。）有些公司即便不用这些最时髦的工具也一样可以利用大数据来达到其商业目标。还有一些普遍的误解，甚至是误导，它们往往望文生义。比如有些媒体报道有意无意地把一般的统计分析、市场营销调查跟大数据相混淆，比如：比基尼在国内哪个市场卖得最好；全国同龄女性中，新疆戴 D 罩杯的比例最高；哪月哪天买车最便宜；近 2 年两成落马官员包养情妇；等等；导致出现所谓"大数据是统计注水"的误解。

大数据能做什么，不能做什么

由于媒体对大数据的各种介绍及大肆吹捧，社会上形成了一种错觉，似乎大数据无所不能，像万金油一样可以到处使用。其实不然，打个比方，大数据就像包围着我们的电磁场，在今天社会生活中无所不在；但如果对其没有准确的理解，没有使用适当的工具来进行分析管理，我们就无法了解和利用这个电磁场，无法有效地驾驭大数据。同时，大数据也有其局限性，如以下几个方面：

• 大数据不是万灵丹

大数据在获得有效界定和管理之前是无法利用的。一个企业和政府机构即使拥有大数据，数据也不能自行解决所有业务问题。归根到底，大数据的具体运用要通过人来实现。企业和政府机构只有认真思考、分析自己拥有的大数据，并清晰地知道从中可以获得哪些有益的价值，并将其应用在具体的相关部门，才能真正称得上利用大数据。

• 大数据的非普适性

对于多数企业和政府机构而言，不是每个员工都需要接触和使用大数据。因此，接触和使用大数据的权限也成为一个重要的安全管理新议题。

• 大数据的非确定性

大数据的迅速变化，使得相应的数据管理、服务器管理、软件开发、商业和公共服务业务分析人员的技能捉襟见肘。加之企业和政府机构对大数据确定性（如数据间逻辑关联、各种类型数据的界定、处理等）的了解需要时间，在解决这些棘手的问题之前，整合、利用大数据就是个挑战。

• 大数据质量控制的局限性

传统数据处理系统的妙处在于可以对固定的数据字符进行全面的编辑和数据验证，这样可以保证进入数据库和数据工场的数据质量。而对那些非结构化的大数据而言，它们的数据形式多种多样（如表格、语音、图像、文字、数字及其混合等），这使得大数据质量的维护工作成为一大议题。

• 投资回报指标模糊

衡量一个系统的投资回报率，最常用的传统测量方法是记录、监测数据交易的速度，由此推断每笔交易的获利情况（不一定是金额，可以是其他衡量标准，如每分钟酒店预订率，每秒钟淘宝交易率／量等）。而大数据的投资回报率就无法用这种方法进行测量，因为大量的数据缓存和运行分析可能需要数小时甚至数天才能得出结果，而且这个结果往往还可能不是你想要的。

• 利用率的不确定性

大数据里可能有大量无用的"垃圾数据"，它们对提高商务智能的贡献率很有限，甚至没有任何意义。如何过滤这种垃圾数据，通过筛选获得有用的数据，从而把大数据真正变成企业的金矿资产，这成为一个相当艰巨的挑战。

• 专业依赖性

根据世界很多著名大学和研究机构多年来运用大数据进行基因组和药物研究的经验，虽然其中的部分大数据算法和查询得到了一些结果，但更多的是不确定的。而企业和政府机构对此的相关应用才刚刚起步。运用大数据算法中的各种复杂逻辑关联和相关专业知识，再结合其他工具的综合使用，挖掘出大数据特有的价值才是提高其应用率的最好途径。企业和政府机构的关键决策者需要在这方面调整对大数据过高的期望值。

• 数据大不等于大数据

单一化、非复杂多变的数据集，其规模再大，也不能称之为大数据，其应用价值也非常有限。

谁能从大数据中获益，谁不能

并不是每个企业和政府机构都能立刻从大数据中获益。除了专门的大数据软件公司外，《哈佛商业评论》研究了三类最容易从大数据中获益的企业：

第一类是那些传统上就以事实和证据为决策依据和基础的公司（与此相关，关于这些企业的管理的实践总结就是循证管理学，即 Evidence-Based

Management，也是全球正在兴起的企业管理学潮流）。宝洁、沃尔玛、IBM（国际商业机器公司）、AT&T（美国电话电报公司）等都是其中最好的典范，尤其宝洁，堪称这类企业的龙头老大。从 1920 年起，宝洁就通过挨家挨户与消费者的对话收集用户需求，在实事求是的调查过程中，形成翔实的市场研究数据。在此基础上，宝洁做出重要的创新产品和广告决策，成为百年老店。今天，宝洁利用这个决策传统，用大型计算机建模和仿真技术，收集并分析每天来自各社交媒体以及消费者的不断变化的大数据（销售数据、用户行为数据等），并以此为依据做出各种相应的决策。

第二类是具有工程与研究职能的企业和机构。许多以科技、工程为核心技术的企业通常依靠对大数据的分析，做出关键的经营决策。例如，中国人都熟知的铁人王进喜的故事，就是反映中石油的老前辈们，在西方学界根据流行石油理论断定中国古地质地理条件不适合形成大规模石油的前提下，通过理论创新研究和各种钻探数据分析，在东北发现大油田的经历。在大数据时代，无论是南海的钻井平台，还是西南的油页岩开发，各种实时采集的原始地貌、地质条件及数学统计模型数据，遍布石油开采现场的感应器收集到的油量观测数据、安全数据等，构成了中石油决策的重要数据金矿。相应地，世界上各石油巨头也都以海量的钻探、测量、监测数据作为其产品创新和商业运营的决策依据。其他以研究为主要功能的机构如美国的国家卫生院、能源部、航天部、各个智库、顶尖高校等也都属于此类型。

第三类是其生存根植于互联网（含移动互联网）的公司（包括电商、无线通信、社交媒体等企业）。这类企业很容易仅仅通过互联网、无线通信网连接用户就获取有关客户行为的海量数据，并在此基础上加以分析、运用。这是形成以事实为依据进行决策和大数据创新的最好机遇。在美国，这类企业以谷歌、亚马逊、Netflix（在线影片租赁供应商）公司和 eBay（易趣）为代表。在中国，华为、百度、阿里、腾讯、京东、网易、新浪和小米等公司也当仁不让。

以我的经验，其实还有几类企业与机构可以在短期内从大数据中获益。它们是直接与大量客户打交道的各类服务企业（包括银行、保险、运输、能源等领域），以及中央、省、区、市级政府机构和高科技初创企业。以客户服务为中心的各类企业，本身就存有跟客户有关的海量数据。如果它们能在短期内以商业战略和运营、竞争需求为驱动力，迅速采取措施把现有的相关数据归类管理，建立关联和数据市场，同时开辟新的数据源和建立专门的数据分析部门等，就可以在数月内启动可以给企业带来额外价值的创新项目。

很多政府部门，例如统计局、公安局、车管所等，往往掌握着与社会管理相关的海量数据，它们可以针对不同服务对象，把这类大数据加以专业的分析利用，从而创新政府公共服务项目和提高工作效率。同时，如果它们能依法把其中一些数据集作为有偿服务，卖给相关企业、机构，也可以从中获得可观的服务费用。这些经验可以从其他发达国家政府那里直接借鉴，详情参见后文案例。

对高科技初创企业而言，创业之初就把大数据作为立足点，通过利用存在于各种社交媒体的现成大数据或通过购买、合作获得的大数据，对其加以分析、利用，进而推出以大数据为媒介的数字产品和服务都是不错的选择。

大数据全球应用趋势

研发大数据产品和服务是时下全世界很多企业和政府机构都关心的议题。以下是 2014 年到 2015 年，综合世界各大企业和媒体现状，对大数据应用趋势的说明。

第一，企业和政府机构的各种决策更多依赖基于数据分析的事实，而非经验或感觉。

经过媒体从 2012 年开始的对大数据全球范围的讨论和炒作，无论是企业还是政府机构都意识到大数据开发和利用的商业和服务价值。在掌握了相关的管理工具和方法后，进入 2015 年，越来越多的企业和政府机构开始更加依赖大数据分析，从中获得对其决策有用的信息，并把这种管理思维带到每天的工作中。如中国对北京雾霾的监控、在南方兴起的智慧城市项目等。在美国首都华盛顿，汽车收音机的插播广告里，关于大数据的商业广告非常多，几乎每过半个小时，就有至少一条关于云计算或大数据的商业广告，不是介绍企业业务，就是介绍联邦政府新的大数据项目。

第二，大数据的隐私和安全问题越来越受到重视。

由于公众对大数据带来的隐私和安全问题的忧虑，企业和政府机构为了避免法律纠纷，开始认真对待这个问题。各国政府正在出台相关的法律法规和指导政策，而企业也从技术和管理程序上加强了监管，以保证在运用大数据做创新产品和服务的同时，遵守各种隐私和安全条例保护用户信息。

第三，对大数据运用的投资大幅度增长。

天下没有免费的午餐，大数据也一样。自 2011 年起，全球范围内从大数据管理平台到一系列分析工具，包括报告生成、趋势预测、机器学习等，相关的企业和政府投资一直在增加，甚至超过了对其他项目的投资。与此同时，对拥有相关技能人士的招聘、培训和提拔也有了特别预算和拨款。

第四，基于大数据的各种软件层出不穷。

很多软件公司都把研发基于大数据的智能手机软件和可以用于各种机器学习、数据可视化以及趋势预测分析的软件作为工作和创新重点，以尽快适应市场迅速增长的需求。

第五，更多的传统企业加入大数据应用行列。

当越来越多的传统企业意识到自己可以通过收集、管理、分析大数据获得可观的商业价值，增强竞争力时，它们都义无反顾地投入了这场大数据革命的浪潮中。比如 2014 年"马航 MH370 飞机事件"，就反映出各方面在收集大数据的努力。英国飞机引擎制造公司劳斯莱斯通过遍布在引擎中的各种传感器收集的海量实时数据，可以判断一架飞机的运行状态，为保养、改进发动机和飞行性能提供翔实可靠的依据。而从一个个小实体售货店收集到的消费者日常采购、访问、爱好等数据，也可以汇集起来，成为判断一个城市乃至地区消费者消费习惯从而进行市场营销的最好的大数据。2013年国内某知名餐饮业主高调宣布投资大数据业务则是这种热潮的最好写照。

大数据全球应用挑战

各国政府和企业都在如饥似渴地到处寻找资深数据分析专家和所谓的"数据科学家"，而这些人才在市场上可谓凤毛麟角。之所以如此，是因为这种人才既要能娴熟运用数据分析技术，又要有精明的、富有远见的商业头脑，擅长从海量、多结构化数据集里提取相关的商业价值。

一些企业和政府机构缺乏运用和组织大数据人才的能力，以及确定大数据项目的最佳业务解决方案，并与相关的业务部门进行有效沟通。

相当多的企业和政府机构还不情愿、不习惯参考大数据分析结果来做相关决策，以取代"拍脑袋、凭本能、立军令状"式的决策习惯。

多数大数据供应商的营销策略只侧重强调大数据之"能"，尽量在兜售其产品功能的同时快速说服客户购买自己产品。它们不愿花时间帮企业客户或政府机构分析其大数据的商业或公共服务需求，进而共同开发一个路线图，通过运用自己的产品来实现这一目标。

企业和政府机构大都缺乏对其大数据资产进行有效管理的数据质量、数据安全平台和工具以及相关的最佳实践。

社会上普遍缺乏大数据应用程序开发的工具和服务，不同程度上限制了程序开发员使用通用程序语言和流程来开发大数据应用软件的能力。

<h2 style="text-align:center">■Ⅱ 案例 ■Ⅱ</h2>
<h3 style="text-align:center">谷歌流感趋势预测之误</h3>

"谷歌流感趋势"是谷歌于 2008 年推出的一项用于流感预警的即时网络服务。根据谷歌的工作原理解释："全球每星期会有数以百万计的用户在网上搜索健康信息。""在流感季节，与流感有关的搜索会明显增多；到了过敏季节，与过敏有关的搜索会显著上升；而到了夏季，与晒伤有关的搜索又会大幅增长。所有这些现象均可通过谷歌搜索解析进行研究。""搜索流感相关主题的人数与实际患有流感症状的人数之间存在着密切的关系。当然，并非每个搜索'流感'的人都真的患有流感，但当我们将与流感有关的搜索查询汇总时，便可以找到一种模式。我们将自己统计的查询数量与传统流感监测系统的数据进行了对比，结果发现许多搜索查询在流感季节确实会明显增多。通过对这些搜索查询的出现次数进行统计，我们便可以估测出世界上不同国家和地区的流感传播情况。"

从 2004 到 2008 年的流感预测与实际疫情对比图（见图 1–1）可以看出，谷歌的估测结果与实际发生的流感疫情指示线非常接近，甚至有时预测效率和时效性还远优于美国疾病控制与预防中心（CDC）。这是 2012 年被全球各地大量采用、用以说明大数据成功解决现实问题的经典案例之一。

就在许多人对此津津乐道之际，美国《商业周刊》网站 2014 年 3 月 14 日报道了谷歌流感趋势的预测在大时间区间里频频出错的事实，引发了全球关注大数据应用人士的强烈关注。对比 2004 到 2013 年的流感预测与实际疫情对比图（见图 1–2）发现，谷歌流感趋势预测的流感病例数在 2013 年几乎是美国疾控中心实际统计数据的两倍。

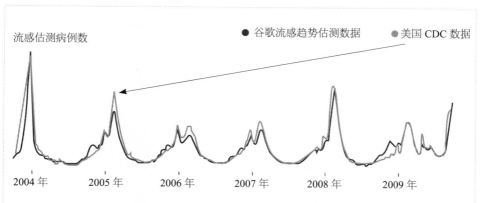

图 1-1　2004 年到 2008 年谷歌流感预测与实际流感疫情比较图

（数据来源：美国疾病控制与预防中心，深色为谷歌预测结果，浅色为实际发生的流感结果）

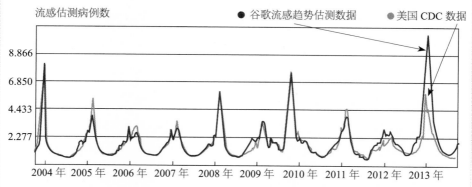

图 1-2　2004 年到 2013 年谷歌流感预测与实际流感疫情比较图

（数据来源：美国疾病控制与预防中心，深色为谷歌预测结果，浅色为实际发生的流感结果）

对出现这种现象的原因，业界也做了各种解释。其中，《科学》杂志最新论文指出，谷歌流感趋势高估的流感峰值与实际疫情相去甚远，其搜索数据过分拟合与算法变化为两大重要原因。一方面，谷歌用户搜索的很多关键词看似与流感相关，但实际并无很强的关联性。谷歌流感趋势往往在对比了 5 000 万个词条的搜索率和已知流感发病率后，统计其匹配情况，难免出现毫无关联的疑似事件匹配的案例。以高中篮球赛为例，谷歌的逻辑是，高中篮球赛和流感通常都发生在冬天，因此篮球和流感相关搜索频率以及时间分布十分匹配。这种逻辑和算法匹配很容易把观战的众多篮球粉丝也统计成"流感患者"。

另一方面，由于谷歌不断调整和完善搜索算法，而不同时期搜索流感的关键词可能有变化，这样得出的预测结果就可能与实际发生的疫情有较大偏差。《科学》杂志的论文作者之一、美国东北大学政治学与计算机教授戴维·拉泽（David Lazer）在其博客里表示："流感搜索和流感发病率之间的相关性可能经常变化，而谷歌流感趋势预测忽略了这一点。"应该吸取的教训是，预测方法和数据应更加开放。如果谷歌流感趋势预测方法更开放、透明，相关研究人员应该可以从收集到的原始数据中提取出更清晰的信号，可惜这个预测方法近几年都没有根据现实世界的急剧变化重新校准过。同时由于谷歌不愿意公开其算法逻辑，这使得其预测结果的错误无法根据公众反馈得以纠正。总结经验，一个推论是否运用专业手段，是否使用和分析专有动态数据至关重要。另外一个教训是，针对大数据工具需要成立多学科小组，以便在综合全面理解这些数据本质的基础上，不断更新算法逻辑，从而使其分析、预测结果更符合现实世界的变化。大数据的社会应用效果肯定是被夸大了，然而，谷歌流感趋势预测的初衷还是正确的。在我们获得社会个体活动、行为和沟通的各种详细动态数据后，如果能正确使用这些信息，大数据确实可以开辟一个照亮世界的新时代。

第二章　中国应用大数据的现实挑战

毋庸置疑，大数据革命对任何现代国家来说都是一种新的机遇和挑战。西方发达国家在运用和管理大数据方面已经处于领先地位，数据运用及管理从 20 世纪初就开始作为企业和政府机构的决策依据而备受重视，大数据的发展对其而言只是顺理成章、顺势而为的事。即便如此，大数据革命对西方各国社会也带来了深层次的挑战，其经验中国可以借鉴。

缺乏数据隐私及安全的法律保护

相比于西方发达国家关于信息公开、数据保护从国家层面到各州（省）地方政府的各种法律法规全方位覆盖和执法实践，中国亟须在这些方面做出实质性的努力，从而确保对涉及公共利益的数据，以及涉及个人和企业、机构利益的数据取之有道、用之有规。数据运用工作做到有法可依、违法可究。

政府层面利用立法和修法等实际操作方式，应该尽快解决以下与大数据相关的紧迫议题：

• 数据的获取

法律应该界定哪些数据可以从哪些政府部门依法获得，哪些不能。哪些政府、机构、企业、个人有从何种数据源获取何种数据的权限、时限。依法严格界定公共数据与非公共数据的界限。如果依法获取所需数据无果，申诉渠道如何等。既要保证该公开的数据完全公开，可以依法获取的数据可以顺利获得，又要确保不该获取的数据坚决禁止获取，从源头上依法确保大数据的可获取性。

• 数据的使用

法律应该明确在获取的数据中，哪些可以公开使用、哪些不能、哪些只能有限制地使用、使用范围如何等。在使用的数据中，消费者、用户、个人隐私、企业商业机密、国家安全相关的信息如何严格界定，又如何保护，违法行为应承担哪些法律责任等。依法保证大数据的可使用性。

• 数据的分享

法律应该界定国内外个人、企业、政府、研究机构等组织间哪些数据可以依法公开分享，哪些不能。既要做到开放共享，又要符合国家法律和企业规章制度。依法保证大数据的可分享性。

• 数据的管理

法律应该把大数据纳入各企业、机构、政府的资产管理责任制，以保证元数据的真实性、可靠性，鼓励和支持社会大数据的更新和保存与时俱进。法律应该公布对蓄意篡改、恶意破坏、泄露或盗窃企业、机构、政府重要数据等违法行为的控制和惩处细则等。

大数据可靠性易受各种因素影响

大数据的利用价值取决于元数据的可靠程度。一方面，中国现阶段由于数据管理的相关法律欠缺，加之法律层面没有将企业、政府甚至个人所拥有的合法数据界定为其重要资产，并且社会文化中收集、管理数据的意识不够，不重视对数据的保存和利用，从而忽视保护数据的真实性等，以上种种原因直接导致未来使用大数据的可信度。另一方面，大量从社交媒体、社区互动等数据源收集来的数据，本身不一定可靠。很多信息发布随意性强，公开的数据找不到数据引用来源，有些个人或企业受利益驱使，刻意伪造数据等。这些都构成大数据使用过程中的障碍。

解决方案可以从依法保护各种公共数据的真实性，制定政策促进和鼓励企业、政府机构通过市场机制对各自拥有和掌握的数据进行买卖、交易等活动入手，从而带动全社会重视各种数据的真实性和可靠性。试想，谁会花大价钱去买假数据或水分很高的数据呢？企业拥有真实的数据，建立了可信赖的品牌效应，它就拥有了大数据的专业市场。这个就是市场机制倒逼个人、企业和政府机构对数据采取诚信负责的态度，促使政府依法惩处数据造假、篡改数据等非法行为，最终从文化、习惯和日常行为上减少和杜绝各种数据欺诈行为。

大数据可靠性是所有国家面临的挑战，非中国特有。例如美国石油研究院及其游说团体，为了推动一个从加拿大阿尔伯塔到得克萨斯州的石油项目立项，刻意利用推特这个社交平台造势，造成好像几十万用户都一边倒地支持这个项目的印象，试图以此影响政府决策，结果最终被高人识破，露出马脚。证据就是很多"支持"来自临时注册的水军账户，这些"用户"平时在社交平台上不活跃，仅仅在短时间内使得"支持率"大幅度攀升。如果仅靠这种被刻意扭曲了的"社会舆情数据"来做政府决策显然不靠谱。好在在美国，由于类似做法的组织者（例如企业、机构等）要为此承担相应的法律责任（公开欺诈罪和误导罪），加之雇用大量水军人工成本太高，这种行为无论从法律还是经济的角度来看都不可能长久。

大数据地方割据导致共享利用率低

长久以来，政府机构、企业多方收集各种数据，以满足自身业务的需求，而这些数据往往淹没在该组织的内部系统里，大多时候并没有充分利用和管理起来，慢慢就形成了人为的数据割据与封锁。政府、企业对内没有进行数据挖掘工作，对外又拒绝数据分享，最终直接导致整个社会大数据重复储存，无法整合，利用率低下，或者无法共享专业大数据。在美国，类似的问题也很突出。据麦肯锡全球研究院估计，以医疗管理行业为例，由于同样的病人数据同时储存于医院、诊所、保险公司等不同地方，在无法即时分享数据的情况下，同样的数据又经过不同机构的病人管理系统、承销系统、索赔管理系统、供应商系统等进行操作，仅此重复程序和管理造成的直接行政费用一年就高达 1 000 亿到 1 500 亿美元。

要使得全社会可以依法使用、分享储存于各种政府机构互不关联的公共数据，最终还是要靠法律和规章，包括申诉程序。要提高全社会现有大数据的利用率，需要政府和企业通力合作。对政府而言，可以马上做到的就是在保障国家安全和公民个人隐私的前提下，依法开放公共数据，进而通过推出以数据创新为基础的公共服务，向企业和社会个人销售数据产品。政府可以支持鼓励国有企业依法对公众出售其有商业价值的数据。对企业而言，可以通过合法的途径和方式获取、收集、购买数据产品，进行数据交易。最终市场机制使数据依法在全社会自由流动，创造出最大社会价值。

大数据社会监管水平低

社会上的公有和私有数据的获取、储存以及使用是否有公认的标准，数据质量和数据处理是否经过严格的监管程序等，这些问题都是中国和其他国家面临的大数据应用问题，在中国表现得更突出。如果企业和政府无法在这些问题上达成共识，就会出现互不兼容的问题，在数据交易、买卖等方面也会出现严重的沟通和质量问题。获得的数据也无法尽快用于各种分析，并且还要重新进行数据清理、格式化等工作，非常复杂，无形中影响企业和政府机构对大数据的信心，增加创新成本。

大数据可用性差

长期以来，由于整个社会不重视收集、整理和有效管理社会经济、企业管理和个人生活中的各种数据，公共数据开放程度低，其他数据又无法及时获得，社会管理机制也没有提供鼓励数据交易商有效经营的环境等，种种原因导致想获得合适的大数据往往是个艰难的挑战。

运用创新差距小和技术创新差距大并存

大数据概念的提出始于 2010 年，中国社会从 2012 年就开始关注、探讨并尽力跟上世界潮流，进行相关的研究和应用，但由于西方社会早在半个世纪前就逐渐形成了特殊的数据文化，即从企业到政府的产品服务规划、运营、决策等行为要以相关数据研究和市场需求证据为基础和依据，中国的大数据发展相对落后，欧美社会在研发大数据技术、产品，运用大数据的很多方面都走在世界前列。欧美的这种文化集中反映在企业管理学里，就是美国时下流行的"循证管理学"，以卡内基·梅隆大学和斯坦福大学为主导。由于市场竞争的推力，这个应用趋势从 2013 年以来正在加速变化。在社会创新方面的直接反映就是各国政府把依法可以公开的数据开放出来，促进政府公共服务创新。在企业层面，除了传统的跨国企业如 IBM、思科、甲骨文、SAP（全球性的企业应用和解决方案提供商）等持续从硬件和软件方面推出自己的大数据产品，许多名不见经传的大数据软件企业和大数据解决方案商也像雨后春笋般冒出来，大批传统行业如金融、制造、保险、医疗健康、能源等行业也在同步行动，开启自己的大数据项目。反观国内，由于上述各种原因还限于普及阶段，虽然自己的国产大数据跨平台基础设施、硬件供应和集成商，如华为、中兴、联想、浪潮等业界翘楚，一直在努力研发相关的大数据产品，但和一些老牌和新兴西方跨国企业相比，还处在"跟随者"的位置，能提供成熟、可靠的软件供应服务与解决方案的品牌企业非常有限。好在各行各业大数据的应用现状和前景还算乐观，与西方差距不过一到两年，有的基于大数据的商业模式创新甚至还领先美国。阿里巴巴、腾讯、京东、百度等先知先觉的公司是当之无愧的领军企业，2011 年到 2013 年间涌现出的各种软件和大数据解决方案企业也走在行业前列。但究其本质，这些企业里的大部分核心人才都是从欧洲尤其是美国企业里培养出来的大数据中层或资深创业人才，各种核心和创新技术仍然掌握在西方企业手里。就现实来看，在大数据技术创新方面，中国与西方的差距其实在慢慢扩大。

鉴于全球范围内大数据运用尚处于"大数据主义初级阶段"，国内政府和企业从大数据宝藏中掘金的丰满理想与大数据各方面挑战之下现实的骨感，使得大数据应用在标准、测量、质量、监管和开放等方面的问题变得日益突出。只有通过企业和政府机构在数据收集、整理、规范和管理方面，严格参照业界认可的标准，使得各方面问题都有章可循，有法可依，才能解决这个问题。在市场这个催化剂的作用下，就像电子商务在 2000 年引进中国市场之初，倒逼政府和市场相关的一系列重大变革一样，希望在几年之内，这个问题可以得到极大改善。另外，政府要想打破大数据应用滞后的局面，就要从坚持创新服务的角度出发，依法开放公共数据，立法鼓励跨部门数据共享，资助企业和政府机构大数据项目联营，从政策、法规方面为相关的大数据软硬件企业提供支持。与此同时，由于软件比硬件投资少、创新相对容易，国内现有软件企业和创业公司应采用渐进式创新的方法，尽快研发出自主创新、可靠性好、功能强大的软件和大数据平台。

▦▐▌ 案例 ▐▌▦
"小时代"之"观众去哪儿了"

一切形式的艺术商品，要得到市场广泛认可，就必须知道其观众去哪儿了——即观众具体的兴趣所在和愿意埋单的触发点在哪里。

好莱坞判断影视产品是否有好的上座率的传统方法是，在决定投资一款影视产品前，一般先看剧本内容、剧作家社会声望，再由投资人或企业市场部根据他们对市场的了解和判断，决定投资意向、导演、演员等。从改编剧本，到开机、后期制作完成后，再挑选小规模的目标观众（所谓懂此类产品的娱记、独立影评人、各级娱乐产品评委等）对产品进行演示和评估，根据他们的反馈做相应调整，然后才上市。这些传统的方法也是基于数据统计的。一百年来，这种方法成就了很多影视大作，当然也有不少投资失败的例子。原因在于传统的方法没有直接采集与观众相关的各种详细数据，仅凭一些受众代表不免会有偏差。当这种偏差过大时，意味着市场不埋单，创新失败。Netflix 首次在世界上运用大数据详细了解观众行为而投其所好地投资、生产出收视率高的影视娱乐产品。其出品的《纸牌屋》是世人津津乐道大数据成功运用的典范。受其影响，目前中国不少影视节目也开始纷纷借鉴其中的大数据分析和数据挖掘手段，通过从社交媒体（微博、微信等）获取各种元数据，包括对目标粉丝文化的详尽分析，受众人群的活跃度及消费能力、习惯评估（衣食住行娱），特定受众年龄、性别、地域分布，粉丝对其心仪偶像的各种喜好和期望等，将其运用到诸如《小时代》《爸爸去哪儿》《不一样的美男子》《高科技少女喵》等流行剧的设计、开发和有针对性的目标市场推广中。这些大数据技术在娱乐业中的成功运用，使得这些影视产品的收视率持续火爆，有的产品往往以最小的成本（3 000 多万元），创造了最好的投资回报（数亿元）和最佳的娱乐效应。

虽然大数据在中国的应用才刚开始起步，娱乐界的先知先觉者们已经"春江水暖鸭先知"，抢先试水并小有成就，而这背后的主要功劳当属中国电子商务的推手百度和爱奇艺等企业。

《纸牌屋》带来的大数据应用效应正在迅速改变娱乐产品的研发和制作生态，其颠覆性的影响效果正如呼啸而来的钱塘江大潮般在世界娱乐圈扩散。以下是笔者对未来中国影视娱乐产业发展的一些趋势预测：

1. 今后的影视娱乐创作除非创作者有 J·K·罗琳般天才的想象力，如果要想让自己的产品创新获得广泛认可，必须时刻把目标用户的可能反应考虑在内，并通过互联网上收集到的反馈数据来检测。通常的做法是把一些章节或视频提前发布到网上进行试读或试看，通过分析软件进行测试和评估，进而对创作进行调整或提高。如此才能大幅度提高产品的成功率。

2. 影视娱乐投资将会越来越注重由大数据分析挖掘、机器学习技术带来的与特定娱乐产品相关的各种人、物、时间、地点、事件间复杂的关系报告。投资方在产品选择方面会更加理性和苛刻，并且依此决定投资行为。

3. 影视娱乐广告商将会更加注重基于大数据技术的各种广告受众行为数据，并据此选择更加细分、更有针对性的广告策略、投放渠道和投资方向。

4. 影视娱乐产品买方也会从特定娱乐产品的历史、地理和文化数据分析结果出发，根据自己的目标投放市场用户的各种可能反应行为的数据，来做出产品的购买决策。

可以预计，通过对观众大数据细致入微的把握，中国娱乐业必将牢牢抓住大数据时代的机会红利，精准吸引观众，在大赚钞票的同时，带动大数据应用普及化和娱乐化，创造出更多的社会效益。

第二部分

大数据创新运用

这部分从实战的角度，详述利用大数据做产品和服务创新的路线图。通过相关案例的精彩分析，展示如何开始一个大数据项目，进而一步步解析大数据创新的生命周期，直至最终创造出基于大数据的创新产品和服务项目。与此同时，这部分还分享了中美大数据企业的创新成功经验和失败教训。

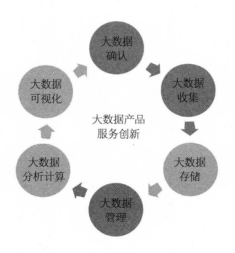

第三章　确认大数据

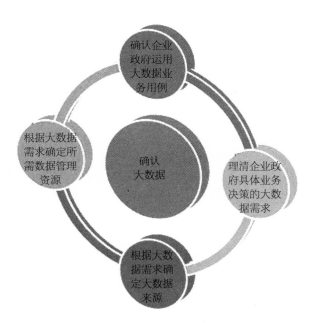

现在有些人一提大数据就三句不离各大数据技术服务商或技术产品，如IBM、谷歌、微软、Microstrategy（微策略）、SAP、Hadoop、MapR等，在我看来，这是本末倒置，即还没搞清楚业务状况前，就开始讨论该选择什么工具和产品供应商。首先，像任何创新一样，大数据项目的开展取决于企业和

政府机构对产品服务对象真正需求的充分了解，是否可以通过大数据技术来满足这些需求。其次，企业和政府机构现有的信息技术能力评估，如何获取创新所需数据，数据储藏、管理及分析的复杂性等也很重要。简言之，大数据项目的启动和解决方案应该依据商业和行政管理战略决策，而非技术决策。启动一个大数据项目，少则一年，多则几年。根据笔者的经验，以下要点可以作为一个企业（非软件、技术类企业）和政府部门决定是否启动大数据项目的第一步。

确认业务用例

这里面包括了四个要素，即需要解决的商业、技术、行政管理和公共服务问题，这些问题带来的后果是什么（如企业竞争力下降、运营成本过高、开辟新储户渠道有限或政府财政收入锐减、群众满意度下降等），大数据是否可以用来解决这些问题，以及大数据解决方案实施后带来的价值和影响。例如，一家银行利润持续下降，一个月损失 5 000 万。而银行经过市场调查发现，因为互联网金融创新产品的出现，使得现有储户更愿意把"不太常用的零钱"从银行里取出来，放到各种回报更高的基金里。这家银行只有通过相应的金融产品创新和提高服务质量来留住现有储户、吸引新的储户才能从根本上解决这个问题。经过详尽的市场调查，银行发现大数据可能是个现实的解决方案。但如果采用这个工具，整个投入至少 2 000 万。由于这是个紧迫的企业生存问题，从长远的投入产出分析来看，如果能立刻止血，阻止流失大量的散户现金流，同时带来每个月至少 500 万利润的回报，这个投资应该就值得。

以下是企业或政府机构是否应该启动大数据项目的一个简单判断清单：

• 企业或政府机构目前是否必须依靠大量动态数据来做决策依据？

• 企业或政府机构目前使用的数据是否在收集、存储、管理方面遭遇瓶颈而无法充分利用其中的商业价值？

• 企业或政府机构是否发现其主要服务对象在各公众社交媒体对其产品或服务表达出各种不满的声音？

• 企业或政府机构现有的各种数据是否处于割据状态，无法整合或共享？

• 企业或政府机构是否发现现有的数据管理工具在不断增加的大量复杂多样化数据面前显得力不从心？

• 企业是否发现自己的竞争对手已经开始使用大数据作为竞争手段？

• 企业或政府机构是否发现自己目前所依赖的数据已无法提高市场竞争力和业务效率？

如果对这些问题的答案是肯定的，那么这就基本构成了一个合理的大数据业务用例。

理清决策中的（大）数据需求

在充分了解了企业和政府机构具体的（大）数据业务用例后，就该确定具体的数据需求，及其如何与大数据战略相关联。评估数据需求，并了解什么样的数据可以用来解决业务用例中的问题对大数据项目至关重要。例如，如果《小时代》导演和投资方想知道该影片相关的大数据，比如观众的统计分析，他们就可能选择诸如年龄、性别、职业、学历、年收入、社交网络活跃程度、个人喜好、对剧中特定人物剧情乃至细节的关注程度等数据。从观众的静态维度到动态维度，如几百万观众每天发布在微博、微信里的各种关于《小时代》的图片、文字、视频剪辑、评论等，这些信息构成了作为下一个续集评估投资决策依据的大数据。

理清（大）数据需求可以分为以下几步：

第一步　业务大数据界定

确定企业或政府业务所需大数据，首先要界定哪些是与其业务有关的，其可能涉及的范围以及对所有相关业务产生的影响。在此基础上审计这些数据，并确定具体创新项目第一阶段所需要的数据。在这个过程中，对企业而言，决策、运营、销售、市场和 IT 等可能是最乐于参与和最容易接受这类数据的部门。对政府机构来说，决策、运营与 IT 部门则承担着管理和运用这类数据的责任。无论企业还是政府机构，所有与大数据直接打交道的部门都有责任界定各自负责的大数据。这些部门了解不同的业务数据源，知道谁管理和使用这些数据，熟悉如何整合这些数据源。通过这些部门间的紧密合作，企业和政府机构可以连接其整个生态系统内部的信息孤岛。作为时下大数据管理的一个重要议题，如果涉及隐私或机密，企业或政府机构应设专人或隐私团队参与界定大数据的工作，以确保数据使用符合企业和政府机构的规范和法律要求。

通常在审计所需大数据时，企业或政府机构应该明确以下问题：

- 业务所需的是哪些数据？

- 事务型处理数据（Transactional Data）还是非事务型处理数据（Non-Transactional Data）？

- 用户可否随时随地方便地获取这些数据？

- 谁有使用这些数据的权限？

- 所需大数据的结构和内容是否有文件详细定义和描述？

- 所需大数据是结构化、半结构化还是非结构化？

事务型处理数据是用来描述随着时间、数值变化而变化的事件数据。它们常与动词相关联，如金融行业里的订单、发票、付款，日常工作中的计划、活动记录，后勤管理中的交付、存储记录和旅行记录等。非事务型处理数据则属于不太随时间变化而改变的数据，比如人口、用户、产品、地理等数据。对这两类数据的不同需求也可以影响到大数据创新的方向。

需要注意的是，由于大数据的特点，5 年前，一个较为复杂的营销解决方案可能需要 15 至 25 个数据源作为技术支持，现在即使一个中型企业做大数据项目都需要考虑整合多达 50 到 100 个数据源。企业或政府在研究数据源的可能范围时，要尽量考虑所有可能对业务有直接影响或关联紧密的数据源，以免漏掉其中重要的部分。

第二步　业务大数据评估

在企业或政府机构划定了业务所需大数据的大致范围后，可以逐步了解和评估每个可访问数据源更详细的信息。其中的一些可能已经有大量详尽的数据，而另外一些则相反，还有一些则可能介于两者之间。在这个阶段，企业和政府机构应该对其业务和创新项目所需的大数据实体轮廓有个清楚的了解，并且对每个数据源系统的属性、数据所属的数据字典、数据的价值和衍生附加值、数据使用的频率以及所缺的数据有较深的了解。当然有些软件工具可以用来自动执行和帮助实现这些任务。这个过程的重点是帮助企业和政府机构发现、决定哪些大数据可以马上使用，哪些则要等到以后。

第三步　规划大数据应用

在了解业务所需大数据和创新项目目标后，企业和政府机构可以考虑做一个大数据可行的战略规划，比如"A 计划"。企业和政府机构做大数据项目时通常碰到的一个挑战是如何处理费尽心血建立的、现有的各种数据仓库，因为传统的方法已无法处理数量庞大的数据和各种非结构化的数据。此外，处理海量大数据的速度要求也对传统工具构成了严峻挑战。不是所有的大数据项目都必须用 Hadoop 集群那样全新高端的平台来管理。毫无疑问，处理大数据必须采用一些新的软硬件并具备更高效的数据处理能力，与此同时，做好与原始数据相关的战略规划也至关重要。资深大数据分析师的技能在这个阶段往往会发挥关键作用。

第四步　大数据应用建模

为了测试所需的大数据是否合理，创新团队可以建立一个简单的逻辑模拟模型，从概念上证明、测试和学习部署了这类大数据项目后，企业和政府机构可能获得的商业投资收益以及是否能改进公共服务质量。 根据经验，只要计算机模型甚至是简单的统计模型设计合理，在很多时候，哪怕是较小的静态数据集也可以模拟出大数据下会产生的结果。这种分析可以帮助调整规划中的大数据项目设计，更好地论证企业和政府机构的各种人力、物力投入是否合理，还有助于形成新的思维方式。

通常情况下，这个阶段的活动一般包括统计分析、数据挖掘、搜索和发现数据中的预测模式，然后可以尝试将这些概念应用到现实世界的场景中，有点像玩微软的"虚拟现实"游戏。数据科学家在这个阶段可以利用新的软件以及对大数据平台的把握，为创新团队和决策应用部门提供基于测量和预测的证据支持，以方便大家对大数据用例、项目所需资源和执行流程有个清晰的了解和共识，并据此调整"A 计划"，最终形成一个切实可行的项目执行路线图。

第五步　大数据应用路线图

创新管理团队可以规划一个大数据项目的战略路线图，即如何通过概念模型的测试来收集证据，以明确该项目的可操作性、所需的大数据，以及多快可以使大数据变现的整个流程。对于政府项目而言，这种做法也可以让决策人和参与者更清晰地"看"清该项目的可行性。

如果说第三步和第四步就像做实验，在模拟环境里通过输入条件，得到可能的输出结果，继而帮助决策人和创新团队更好地了解正在规划中的大数据业务用例，那么这第五步就是实现这整个实验的流程图。通过这个流程，不但可以大致了解投入产出，还可以识别潜在的商机、可能的风险，改进和调整大数据相关的服务。

根据需求确定大数据来源

需要的数据是否在现存的系统里？还是要到外部获取？如果所需数据来源于外部，那么这种数据如何获得，企业和政府机构需要怎样做才能获得这些数据？对这种外部数据质量和性能有何要求？在获得这些数据后，预期的可视化格式和传递方式如何？只有搞清楚这些最基本的数据要求，才有可能进入下一步，即如何收集这些（大）数据。这一步的目标包括：

- 创新团队需要确定哪些数据源可以提供有用的数据，比如企业方面有销售、社交媒体、电商、娱乐、呼叫中心等，政府服务有公共健康、公共安全、天气预报、环境监测、交通管理、金融监管等。
- 确定哪些外部数据源是必要的，是否需要与社会经济或人口、地理统计数据混搭。
- 创新团队需要建立测量和预测大数据的有效指标体系。

根据（大）数据需求确定所需数据管理资源

企业、政府机构为顺利实施（大）数据解决方案需要选择合理的大数据信息管理系统及基础架构、数据管理和分析工具，最后具体到确定专业人员配置等。这个过程比较讲究技巧，因为首先要判断是否继续使用已有的内部信息系统，如何根据需求对软硬件、网络和系统架构等做适当调整，以及所需财政预算如何，现有专业人员是否满足需求等。如果要选择外部数据管理和分析工具甚至是信息系统基础架构，则要考虑到财力、人力、技术和供应商等多方面的因素。

尽管每家企业或政府机构的大数据规划方案都不尽相同，任何大数据规划方案都必须满足以下需求：

- 可以迅速下载各种数据源。
- 可以分析原始数据，以确定何时以及如何使用这些数据。
- 高效、快速操作大数据。
- 准确识别并在必要时过滤垃圾数据。
- 系统自动决策、自主调整以适应大数据的种类和处理速度。
- 确保所有数据管理活动的隐私和安全防护。

以上这些指标均可作为企业或政府机构在选择数据管理资源时的参考。

▰▮▮ 案例 ▰▮▮
Carfax 之确认大数据篇

《柠檬市场：质量不确定性和市场机制》是美国经济学家乔治·阿克尔洛夫 1970 年发表的一篇著名的学术论文。它主要研究在市场信息不对称、商品的卖方比买方知道更多商品信息的情况下，市场机制在其中的作用。"柠檬"除了水果的含义外，在美国俚语里还有其他意思，用于形容"次品"或"不中用的东西"，而"柠檬车"通常用来形容有人买了一辆二手车后才发现其中有缺陷，让人觉得像吃了柠檬后那种酸酸涩涩难受的感觉。阿克尔洛夫在这篇论文中，把二手车市场作为在买卖双方掌握的信息（数据）不对称条件下，导致二手车质量不确定性的一个经典经济学研究案例。为此，阿克尔洛夫与迈克尔·斯彭斯和约瑟夫·斯蒂格利茨一起分享了 2001 年的诺贝尔经济学奖。

Carfax 是一家美国中型电子商务与二手车大数据公司，其主要业务是通过互联网向美国、加拿大和欧洲个人消费者以及企业提供二手车市场上轿车和轻型卡车车史报告。说得通俗点，也就是让买卖双方知道他们交易的二手车是否为柠檬车并以此作为交易决策依据。到 2013 年底，这家企业已拥有 800 多名员工，各种大数据产品和服务年产值估计达 8 亿美元。它拥有的车史数据达 110 亿条，而且每天都在以百万条的速度增加、更新。这些数据涵盖全美国、加拿大和欧洲部分国家公路上行驶的轿车和轻型卡车，包括这些车辆的车主历史统计、车祸记录、是否被水淹过、是否被火烧过、是否别人偷来的车、里程表是否被人往回拨过、是否属于召回检查或问题车以及日常保养的细节等等。如今在美国或加拿大，你买到新车后第三个月，你的汽车注册信息就会被输入这家公司的大数据储存工场里。然后你的汽车维修、保养、警察报告的车祸等相关信息就会源源不断地被这家公司收集、归类，从而形成该车的车史档案。在北美买卖二手车，无论是个人还是经销商，Carfax 的车史报告是必不可少的重要参考。

这个案例从本章开始，一直贯穿到第八章，它主要介绍这个风靡北美和欧洲的二手车历史报告及其运用大数据创新成功的前世今生，故事生动详细地讲述一个两人团队是如何从确认和收集小数据开始，直到做出垄断欧美二手车市场的大数据产品全过程。笔者选择这家公司，不仅是因为自己曾经为其中创新核心项目的一员，更重要的是它可以作为一个大数据业务应用创新成功的案例，对正在摩拳擦掌、跃跃欲试的企业、政府机构和个人具有十分有益的借鉴作用。这一章讲述这家企业的创始人如何确认创业所需要的各种业务数据。

美国二手车市场简介

二手车是指曾经拥有过至少一个车主的汽车。据 2005 年统计，在美国金融危机爆发前，二手车交易量约为 4 400 万辆，这个数字是新车交易数目 1 700 万辆的两倍多。二手车年销售额近 3 700 亿美元，几乎占据美国汽车零售市场的半壁江山，同时又是全美经济中最大的零售部分。无论经济好坏，二手车市场总是交易频繁：经济好的时候，消费者买新车时就会淘汰二手车，而经济不景气时，消费者为省钱更倾向于买二手车。

二手车买卖面临的问题

二手车对消费者的挑战在全世界都是相似的，即作为买主，你不知道这辆外表看起来十分光鲜的汽车有着什么样的使用历史，虽然其价钱肯定比同类新车便宜，但到底应该便宜多少，如何定价，该车性能如何，主要零部件质量如何，是否像卖主宣称的那样等不确定因素都可能极大影响消费者的购车决定。对消费者而言，美国的人工费用比较高，如果买主找个好的汽车技工评估二手车，在花了几百美元服务费后发现该车有问题，那么如果下一辆中意的车也有问题，该如何是好？一辆普通二手车在美国的价格也就几千美元而已。如果盲目相信自卖自夸的"王婆"，为省汽车技工检查费冒险买车，可能结果更糟糕。这种问题车一旦在行驶中出了问题，就会身心受损甚至赔上生命。对于二手车经销商来说，如果他们在买进或拍卖二手车前就能发现重点问题，不但可以节省一大笔检查费，还可以通过讨价还价，降低购车价格。对保险公司来说，一个问题二手车会直接影响到其卖给车主的保险额。问题越多，保险越贵，提前搞清这些隐患，可以大大降低保险公司的风险。

解决问题面临的挑战

计算机专家巴尼特和会计师罗伯特·克拉克于 1984 年在美国密苏里州的哥伦比亚市成立 Carfax。该公司成立的初衷当然比上述原因更简单，即巴尼特意识到有些车主在出售汽车时恶意回拨汽车里程表，有些跑了 10 万英里的老汽车其里程表读数却只显示 5 万英里，通过这种欺诈手段将其二手车卖个好价钱。尽管这种手段是非法的，但对于不懂汽车技术的消费者而言，查出这种造假相当不容易。巴尼特和会计师罗伯特·克拉克看到了这个问题的严重性及其可能产生的巨大商机，决心用计算机技术来揭穿这种欺诈并以此为契机创立了自己的公司。无论企业或个人掌握的技术多先进、多强大，做任何项目，弄清市场需求和业务用例永远是第一步。

企业要想知道汽车的里程表是否准确，理论上可以这样实现：在知道了该车出厂时间、历任车主、每任车主拥有此车时的里程表具体读数、该车平常的用途（出租、商用或自驾等用以估计其年平均里程数）等条件后，通过数据整合，进而估算出该车的大致里程数。而企业要获得这些数据就必须和多个机构打交道，包括汽车制造商（拥有汽车原始身份信息即车辆识别号码）、经销商（汽车身份信息和汽车购买以及销售时间信息等）及车管所（管理车主注册数据包括汽车身份信息、注册时间、车主信息、车主易手信息）等。 例如，一个私家车主，每天正常上下班就在 10 平方公里范围内活动，一年下来，年平均里程应该就在 1 万公里左右。一辆车如果被开了 5 年，其间没有换车主，但里程表显示只有 2 万公里，那么这辆车的里程表很可能就被回拨过。以下这些简单的数据可以用来检查一辆二手车的车主历史记录：

- 车辆识别码（VIN）
- 颜色
- 种类
- 系列
- 车身类型
- 厂商
- 数据类型
- 使用对象
- 使用形式
- 汽车购进日期
- 汽车卖出日期
- 里程表读数
- 数据记录日期
- 数据来源

带着这个想法和所需要的数据要求，两位创始人开始创业了。

▓▓||| **案例** ▓▓|||

大数据之百融金服

公司简介

百融金服是一家专业提供大数据金融信息服务的公司。公司依托大数据技术及来自互联网、金融机构、线下零售、社交、媒体、航空、教育、运营商、品牌商等多维数据源，创新性地为金融及相关行业的企业提供获客引流、精准营销、客群分析、风控管理、反欺诈、贷前信审、贷后管理等服务，从而在提升金融行业整体运营管理水平方面做出了自己独特的贡献。

2014 年 3 月，百融金服受邀成为北京市石景山互联网金融中心首批入驻企业之一，并在 2014 年 12 月成功取得企业征信牌照。目前，百融金服已经和建设银行、招商银行、光大银行、平安集团、新华保险、中国人寿、太平洋保险、人人贷、陆金所、上海大众等 70 余家金融机构签署合作协议。

中国个人和企业征信挑战

个人和企业贷款行为是成熟市场经济的重要组成部分，而贷款申请的信用审核与监督机制是决定这个组成部分是否可以正常运转的核心。个人和企业在创业之初如无法申请到贷款，创业就会非常艰难。在个人经营与企业运营过程中如果无法申请到所需的再贷款或融资，可能会导致资金链断裂而退出市场。欧美传统信用审核模型的基本做法是银行或金融机构把借款人或企业的信用历史资料与其在数据库中的历史信用和行为数据相比较，定期检查借款人（企业）的日常行为、习惯偏好、经营发展趋势、其关联企业的运营情况、是否违约透支，甚至还有申请破产等记录以及可能导致各种财务困境的风险。据人民银行征信中心统计，中国只有 3 亿多人曾和银行发生过借贷关系，也就是说全中国只有大约 20% 多的人口拥有相对可靠的金融数据。针对这 20% 多的人口，可以借鉴欧美传统信用审核模型的经验，相对可靠地预测他们的信用风险。而对超过 70% 的尚未与银行发生借贷关系的人口以及那些无法从国有银行获得贷款的大量中微型私企，传统模型就无法有效地评估其信用程度。目前，中国的零售金融领域以及征信领域落后于美国二三十年，但互联网应用领域却和美国只相差两三年，在某些细分领域甚至还领先于美国。如何面对这个巨大的差距以及中国巨大的市场机会，充分利用现代最先进的技术如移动互联网、云计算、大数据技术和互联网金融实践来实现中国个人和企业征信业务跨越式发展，是摆在中国大数据企业面前的巨大机遇与挑战。获取个人和企业征信历史数据，确定各种相关数据及其来源是关键的第一步。

百融金服数据获取

百融金服依托关联公司以及集成第三方数据源，建立了庞大且实时更新的消费者个人大数据核心库——覆盖超过 4.5 亿人的实名线上线下消费、阅读、社交、房产、汽车等数据，7 亿—8 亿匿名消费者线上行为数据。百融金服个人数据维度覆盖范围广，包括传统的人口统计学标签、行为偏好通用标签、价值类标签、阅读偏好标签、购物偏好标签、金融服务标签、游戏偏好标签、社交圈标签等。

百融数据经过长期积累，具有真实性强、来源广、难以短时间伪造等特点，对于信贷风险评估、精准营销来说都是具有极高价值的数据。

图 3-1 百融金服用户画像

百融金服大数据产品创新

在获取、整合、关联了各种海量的个人实名相关的消费数据后，百融金服利用机器的深度学习和独特的大数据分析算法技术，从几千个原始的弱变量中提取出能够有效识别好坏客户的强变量，再运用国际上流行的个人信用评分模式，使其征信模型具备高效性、稳定性和高预测能力，并在此基础上分别创建了信贷风险评估、百融评分体系、百融信用评级体系、百融客户细分体系、百融用户评估报告和评分等信用评分产品组合。

信贷风险评估

百融金服提出的线上线下融合的大数据风险建模，已经被越来越多的金融机构逐步认可。线上线下融合的大数据风险建模，即以信贷机构

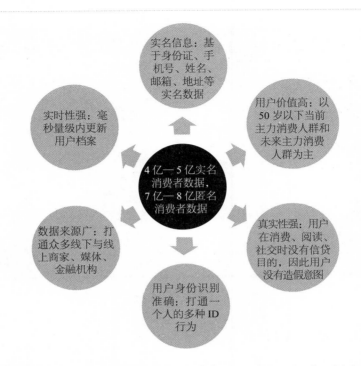

传统的线下数据，结合百融金服的申请者线上消费、阅读、社交等大数据以及补充的线下数据为基础进行风险模型构建。

结合线上数据扩充对申请者评估的维度，能够识别传统数据无法覆盖的风险特征。例如，百融金服发现，对某商业银行三四线城市的个人用户来讲，用户在游戏、娱乐类活动上花费的时间与费用越多，其信用评分越低（36分）；相反，用户在教育、科学类活动上花费的时间与费用越多，其信用评分越高（56分）。手机借款App（应用程序）能够获取申请者手机的硬件编号，如果该编号的手机在一段时间内变换申请人身份信息在一家机构或数家机构之间多次申请贷款，则该手机对应的申请者存在较高的欺诈嫌疑。申请者在申请表上填写的地址与他在百融库中的地址差距较大，那么该申请者信用风险较高。

目前，百融金服已经将数据形成标准产品——用户评估报告。信贷机构通过与百融合作，即可获取用户授权的百融用户评估报告。目前已经有多家大型银行和知名 P2P（对等联网）公司在应用百融大数据，构建基于线上线下融合的大数据模型进行信用风险评估。

除此之外，百融金服基于百融大数据还推出了其他一系列信用评分产品，详见以下介绍：

百融评分体系，是对信贷客户的贷前审批和贷后监控预警过程进行全面量化的风险管理，涉及信用申请评分、欺诈申请评分、信用行为评分、催收评分等。

百融信用评级体系包括风险调整后（Risk Adjusted）的消费能力评级、媒体关注评级、资产评级。这三个评级都通过数据挖掘技术得到：依据客户的商品消费评估得出消费偏好数据，依据客户的媒体阅览评估媒体阅览偏好数据，依据客户的资产评估得出资产数据。

百融申请信用评分介绍

- 百融信用申请评分模型是基于**多家金融机构信贷违约数据样本**专门建立的模型，针对性强，覆盖面广；
- 百融信用申请评分主要基于个人最客观的行为偏好数据，利用**机器学习和大数据技术**，从几千个原始的弱变量中提取出能够有效识别好坏客户的强变量，再运用国际上流行的个人信用评分模式，使模型具备高效性、稳定性和高预测能力；
- 百融信用申请评分，在保证数据真实、客观、全面的前提下，综合评估了百融库的**关键信息匹配数据、稳定性数据、商品消费偏好数据、媒体阅览偏好数据、资产数据、申请信息核查数据**等，以更加准确地评价个人信用风险。

百融评分参考因素

关键信息匹配数据
其他
稳定性数据
申请信息核查数据
商品消费偏好数据
资产数据
媒体阅览偏好数据

图 3-2　百融金服信用评分介绍

百融客户细分体系，按照客户价值进行细分，即根据客户给金融机构带来的利润，分为高、中、低价值客户；按照客户活跃度进行细分，即根据客户最近的消费金额、消费频率、媒体阅览频率、银行卡消费频率及账户变动数据，分为活跃客户、普通客户、睡眠客户；按照客户的消费类别偏好进行细分，即根据客户的商品消费种类评估数据，分为吃货、户外一族、IT 一族等；按照客户的消费观念和负债情况进行细分，即根据客户的消费支出评估、账户变动数据，分为月光族、屌丝、高级白领等。

百融信用申请评分模型是基于多家金融机构信贷违约数据样本专门建立的模型，针对性强，覆盖面广。该评分综合应用了百融库的关键信息匹配数据、稳定性数据、商品消费偏好数据、媒体阅览偏好数据、资产数据、申请信息核查数据等，以更加准确地评价个人信用风险。

精准营销

百融数据适合营销的特点包括：

- 数据维度多样，包括长短期的阅读、消费等行为偏好数据；
- 打通个人多维度到达渠道，能够确保准确推送到个人；
- 可实现跨平台（网页、移动端等）推送；
- 可应用泛关系链式传播或病毒式传播，扩展营销效果；
- 信贷产品营销前可预先进行风控筛选。

通过百融的全网用户数据，可以支持各类型机构了解其潜在高价值用户（例如银行贷款中的循环贷、分期付款客户群）的特征以及不同类型用户的转化情况，以便进行更有针对性的客户营销服务。

　　某行使用百融数据精准定位有小额贷款需求的客户，通过百融数据建模筛选后，营销转化率从 2.7% 提升到 14.4%。

其他应用

　　百融金服大数据的应用还可以拓展到失联催收、贷后管理等业务环节。

失联催收

　　百融大数据拥有大量关系网络数据，通过百融数据可以重新建立起与失联用户的联系，以期追回欠债，从而降低整体不良资产率，另外还可以通过百融社交关系网络，间接到达失联用户。

　　从触达渠道上看，百融数据具有极大优势，能够全方位立体式到达用户，包括传统的手机、座机、地址信息，以及微博、QQ、微信等新社交媒体。

　　另外通过百融的行为数据和资产数据等可以判断失联用户的还款能力，从而优化失联催收的轻重点，优先、大力针对催收成功率高的失联用户进行催收。

贷后管理

　　通过百融金服数据，可以对客户进行贷后风险预警：贷款发放后，贷款管理部门需要定期或不定期对借款人执行借款合同情况、资信情况、收入情况、抵（质）押物现状及担保人情况进行跟踪调查，防止贷款风险的发生。借助百融大数据能够及时发现客户消费、资产、账户行为变化，从而提前发现风险，防止损失出现或扩大。

案例点评

大数据技术在个人及企业征信系统中的运用，会使中国金融界在创建和完善信用审核机制方面实现跨越式发展，同时这也是目前大数据技术跨界运用的最热门话题之一。百融金服作为业界先驱之一，从数据收集分析、构建算法到形成产品组合，在个人征信方面的各种产品和服务创新已获市场认可，2016年可望在数据沉淀、市场占有、产品深度开发、企业快速成长方面更上一层楼。

第四章　收集大数据

收集和获取大数据一般有 3 个途径，即购买、整合利用现有大数据，或利用大数据工具在（移动）互联网和其他数据源里搜索、截获所需数据，以及各种方法的混合使用。这几个途径也决定了大数据运用和产品创新的方向，即仅凭收集大数据的技术能力和设备，也可以开发出大数据创新的各种商机。按照美国畅销书《大数据云图》的划分，收集数据的业务可算作数据源管理业务之一。

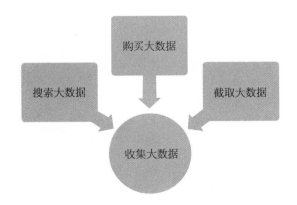

购买大数据

企业借助从各种数据供应商那里持续购买或交易得来的大数据，可以跟数据使用客户进行数据对接交换。通过预先设定的数据模板,企业很容易过滤掉无用信息或不符合期望的各种"噪声"数据,导入高质量数据,并加以分析、清理、再利用。这种方法有以下劣势:由于企业收集的数据不是动态和实时更新的,从购买到使用数据,这期间会有一定的滞后。受其影响,大数据产品可能无法及时准确地反映其所涉及对象的状态变化。例如,一辆二手车的车史数据表明这辆车曾经出过轻微车祸,有内部零件损毁记录,但等买家质疑时,也许这辆车的损毁部件已更换,但最新数据还未更新等。另外,由于处理数据所花时间较长,这种方法短期内(半年到一年内)无法使企业迅速获利,但企业如果能从第二年开始,就把研发出的数据产品推向市场,产品获得用户青睐后,企业则可以完胜竞争对手,而且时间越长,战略优势越强,因为该产品或服务基于其他对手所没有的或不全面的数据集,而它们要有这些数据沉淀,想达到这个标准,需要花更长时间。这种大数据产品竞争方法在美国已经相对成熟。同样,政府部门通过购买大数据,可以建立自己独一无二的服务项目,进而实现其专业性和提高其服务品质。2010 年笔者在美国证监会做商业技术咨询顾问时,就利用其从彭博(Bloomberg)资讯公司购买的华尔街各企业交易大数据(一个时间段里,几个上市公司股票交易过程前后,交易商公开的上亿条电子邮件来往记录),寻找、判断各种可能的"非正常"交易行为,并加以分析,而证监会依据我们的发现,做进一步数据挖掘,然后决定是否立案调查某特定企业。

截取大数据

第二种方法就是通过特定的信息技术产品或设备,依法在企业运营的网络、公共开放的(移动)互联网、企业间合作共享的平台、政府服务及监控的网络上截获与企业或政府服务直接相关的业务大数据。运用这种方法,企业在短期内就可以积累所需数据集，通过整理、分析、归类、建模等手段，充分利用大数据的价值，进而创造出各种产品或开发、提供各种大数据服务项目。这种方法的优势是短平快，有的数据甚至是现成的，很快可以见到投资效益。劣势则为对手也可以用同样的方法跟你竞争。

2013 年秋，笔者在房地美（美国联邦住宅贷款抵押公司）做咨询顾问时，就参与了一个这种类型的大数据项目。该项目的目的在于运用第三方客户的网络监测工具，在房地美的网络系统中直接截取各种实时产生的数据，如每天数以百万计的房贷从外部银行进入房地美内部系统的时间、数量，系统服务器的运行状态和应答反应时间，特定交易网页访问量和用户等待时间，网络异常状况等。通过这种数据获取方式，企业可以在第一时间内预知可能发生的网络故障、客户的使用体验、房贷记录数据的流动状况等，在完全掌控这些大数据的同时，企业就可以最大限度地避免交易、运营、顾客服务、房贷、债券化等系统可能出现的故障，从而提高用户满意度，缩短债券化时间，增加企业收益。使用预防而不是事后反应的方法，提高整个企业运营效率和公众形象，从而为企业带来更多商机。

搜索大数据

这种方法的核心是运用高度智能化搜索引擎，根据其背后复杂的数理逻辑算法和业务用例，通过寻找相关关键词组、字符串、特定数字符号、图像特征等方法，在传统和移动互联网等大数据源头，搜索、截获、提取相关信息，在去"噪声"、模式化整理后，形成独有的业务大数据。

目前在北美最引人注目的大数据应用就是"寻找事件发生趋势"（Trend Hunting）。从商机的角度看，当一个事件开始流行、大家都跟风时，其实已错过最好的投资时机。而在大众发现流行趋势前，就能判断出一个事件的发展趋势才是大数据的最大价值所在。从政府服务和管理的角度看，在某一正面或负面社会变化出现苗头之际，就依法加以鼓励或扼制，是投资回报率最高的方法。这种方法的优点显而易见，缺点则是智力投资大，关键是需要高技能的创新人力资源来形成极其复杂的算法，目前全世界培养出来的这种人才里有资深经验的很少，市场对其更是趋之若鹜，所谓的"数据科学家"仅年薪就可达 30 万美元。

运用大数据收集做创新

搜索和收集信息作为各种决策依据是人类早期就有的日常行为。当信息的传达以数据形式表现出来时，利用收集专业数据这个商机做业务创新在欧美各国一百年前就开始了，且形式多样，涵盖各个行业。从最早的消费者访谈调查开始，到汽车数据，再到后来的就业市场和人力资源需求等，传统企业只是把收集到的各种原始数据进行简单处理，就直接卖给客户，只扮演数据供应交易商的角色。随着越来越多的企业开始运用软件技术，大规模地采集各种专业的海量数据，并将其储存在各种硬件设备和网络中，企业继而对原始数据进行二次乃至 N 次分析加工后，获得高附加值，再通过出售、出租、分享等商业创新方式，在为客户创造更大价值的同时，获得更高的利润。美国硅谷大数据企业 Guavus 就是这样一个典型。

依据这种市场实践，凭借以上三种方法，对企业或创业家来说，他们可以通过研发获取大数据的产品设备和解决方案，帮助其他企业或政府机构，获得其核心业务所需的直接或间接的大数据，仅凭这个创新产品或服务，就可以开创全新的业务，跻身大数据服务商行列。当然，还可以更上一层楼，即顺势为客户做数据分析，从咨询和服务费方面创造财富。对相关政府部门而言，则可根据企业客户需求，对自身拥有的这类数据进行整理，然后打包出售。根据笔者的研究以及为客户提供咨询服务的成功经验，这类创新成功的诀窍有以下几条：

　　1. 成功确定自身所在行业及客户可能需要的所有大数据，包括业务（如借贷企业信用审核及其运营动态监测）、用户服务对象（该借贷企业的所有关联企业、客户、供应商、政府机构等）及其财务、业务项目使用情况等数据。

　　2. 依法从各种渠道获得客户可能所需的、对其有巨大价值的关联数据。

　　3. 与企业或政府部门依法互相交换所需的各种数据。

　　4. 利用软件对原始数据进行优化和二次开发形成高附加值数据。

美国 TXU Energy 电力公司在试图提高企业竞争力和扩大市场份额时，发现可以通过给自己的所有用户安装智能型电表来获取电表读数大数据。由于这种电表可以远距离每 15 分钟读取一次用户的电表数据，也不需要每月派人挨家挨户抄电表，在减少人工费用的同时，随着每隔 15 分钟计读一次电表数据，电力公司可以在获取这些大数据的基础上，在不同的用电峰值和时段推出不同的价格。而由于不同的电力定价可影响高峰时段的需求曲线，使得电力公司无须创造额外的发电量也能满足电力高峰需求，这样就可以节省电力公司在发电量和设备维护费用上数百万美元的投资。该电力公司由于获取了用户对其电力需求的大数据，为了平衡工业和民用客户用电需求，甚至还针对特定地区用户推出"晚上用电零费用"的服务项目。依靠智能型电表获取和记录大数据是其服务创新的前提条件。

这种收集大数据的方式目前在美国非常流行。受益的往往是那些可以直接把数据收集工具安装在大数据发生的环境中的企业和机构，包括银行、交通、能源、媒体等企业和政府机构。企业研发各种软硬件产品，以满足其客户搜索、收集、截获相关大数据的需求，是大数据产品创新的时尚之一，其中商机无限。

■Ⅲ **案例** ■Ⅲ

Carfax 之采集大数据篇

这一部分案例主要讲述 Carfax 怎样采集各种与二手车相关的大数据的故事。

上文说到 Carfax 的两位创始人带着自己的创意，信心十足地敲响了拥有汽车数据的政府服务机构——密苏里州哥伦比亚市的车管所的大门。可惜巴尼特和罗伯特的首战失败，按这个州的法律，除非有法庭介入，任何人都不能轻易获得车主的隐私信息，包括他们所需要的汽车曾经拥有的车主数、生产商给汽车的出厂序号等。他们和其他机构的联系也毫无进展，因为：第一，没人知道这家公司，别人不清楚他们要这些数据做什么；第二，这些机构需要他们花大价钱买原始数据。

巴尼特和罗伯特没有放弃。他们打听到密苏里州当地的一些汽车经销商协会（属非营利组织）有部分这方面的数据，并对他们讲的故事感兴趣。两人随即和这些协会取得联系。由于汽车经销商协会是非营利机构，他们对这种数据要价不高。就这样，通过改变数据采购渠道及与这些汽车经销商协会的创造性合作，即以购买元数据和交换数据的方式，巴尼特与罗伯特建立了简单的数据库并创造出美国历史上第一个汽车史档案报告。Carfax 与这些协会通过数据交换的方式，在免费分享二手车报告的同时，又通过这些协会向其会员宣传。很快，当地消费者在购买二手车时对这个报告的需求越来越多。Carfax 根据消费者的需求，除里程表读数外，在报告上开始增加诸如该车所有曾经拥有者的统计数字和车主易手次数信息（不含车主个人信息）。终于到两年后的 1986 年，他们的数据库里积累了约一万辆汽车的历史档案记录报告，其提供的略显粗糙的车史报告开始为经销商市场所接受。通常，顾客在付款后，就可收到 Carfax 通过传真机传发来的报告。由于 Carfax 业务量持续增加，声誉和影响力逐渐传出州外，不断有外州消费者和公司联系并希望他们也提供相关报告。Carfax 开始考虑向全美国推广这项服务。他们当时所遭遇的最大困难是如何从各个渠道尽可能多地获得关于二手车的各种数据，如何说服各州政府在合法情况下，为公司提供所需的数据。Carfax 这时采取了几个重大有效的策略，包括聘请职业律师向各州法院要求各州政府在保护车主个人隐私信息的前提下，允许其开放二手车数据；聘请职业游说经理人到法律严格的州议会，说服其通过相关法律使各地政府车管所、公路交通安全管理局、警察局和消防局开放其二手车数据。在市场营销方面，公司成功通过"口碑推荐"的营销方式，将全美各地汽车经销商协会逐一攻破。他们以收购和数据交换的方式，拿到了这些汽车经销商协会掌握的所有二手车数据。美国加州保护消费者隐私的法律比较严，他们寻求公开汽车信息数据迟迟未果，最后只好诉诸法庭，控告加州政府阻挠数据公开，经过整整 4 年时间，最终于 2004 年达成一个双方都满意的解决方案。时任州长的施瓦辛格最后在法律文件上签字，他们获得梦寐以求的、不含用户隐私的汽车大数据，业务也因此在加州蓬勃展开。

Acxiom——从大数据掮客到服务商的华丽转身

广告在现代社会无所不在，极大地影响着消费者的日常购物决策。对广告商而言，无论何种形式的广告、以何种方式投放，如何能像激光定位炸弹一样对目标客户群进行精确计算和准确锁定，以提高广告的投资回报率，一直是个挑战。而对广告的受众而言，如何避免各种垃圾广告的骚扰，只获取自己感兴趣的广告，则是经常要面对的问题。

创新历程

作为成熟市场经济国家，美国从 20 世纪 20 年代起就有专门以收集各种专业数据为企业独特业务的公司，按传统的说法便是"数据经纪商"，即把从市场上收集、购买到的原始数据进行清理、整理并按要求标准化后，再转手卖给企业客户。这类企业因为长期充当"数据掮客"，对数据的敏感性和将其作为企业资产的重要性认识胜过任何企业。目前在美国市场上，大约有 500 多家大小规模不同的这类企业。而随着大数据技术和业务的兴起，这类"数据经纪商"摇身一变，成了高大上的"大数据供应商"。为了尽力挖掘数据资产的潜在价值，这类企业也顺势引入了数据分析的功能。相对传统"数据经纪商"只出售原始的轻度加工的大数据，这些企业能够卖给企业客户高附加值的大数据，也能获得翻倍的回报。这里介绍一家很多美国人都不知道，但该企业却知道很多美国人及其家庭的大数据企业——Acxiom。这家美国著名的"大数据供应商"在 2014 年 10 月跟中国的新浪微博签署了战略合作协议。新浪通过其先进的"用户运营系统"技术，收集微博用户的海量数据并分析，给新浪企业客户提供精准的细分市场的广告投放。相信今后越来多的中国人会从亲身体验中了解这家大数据供应商。

　　Acxiom 公司成立于 1969 年，其前身是一位名叫查尔斯·沃德的商人成立的数据处理公司，目的是通过人口统计学帮助民主党选民提高选举效率。后来，业务转型，传统业务转型成四处搜罗消费者人口和经济信息数据，包括名字、家庭住址、电话号码、年龄、种族、性别、体重、身高、婚姻状况、教育程度、政治倾向、宗教信仰、职业、婚姻状况、家庭成员构成、家庭收入、消费习惯、家庭健康状况、度假计划等。Acxiom 把收集到的各种数据整理归类后，再打包卖给其客户营利。

　　随着大数据时代的到来，这家企业再次转型，迅速改变了其之前的业务模式和收集消费者数据的方式。如以前它们局限在通过邮件、电话收集的消费者数据，以及其他市场营销调研企业、美国各级政府和部门公开的统计数据，以及各智库发布的社会调查数据，现在它们通过软件研发，对传统业务和经营方式进行全面改造，推出了一系列市场营销大数据收集和分析创新产品。通过直接植入或接入各客户的网站和内部销售系统等方法，Acxiom 收集消费者在互联网上产生的一切数据（消费、社交等），以及美国政府开放的很多个人在现实生活中的各种数据，如犯罪、购房、教育等记录和其他"数据经纪商"提供的一切与日常生活有关的消费者数据（如信用评分、信用卡使用史、保险费率、工作史、消费习惯、文化、种族、宗教背景、个人喜好等）。这家世界上最大的专门收集、整理和分析消费者数据的大数据供应商位于美国阿肯色州小石城以北，拥有 2.3 万台大型计算机服务器和超过 50 万亿条数据，其数据库中包含的信息覆盖全球约 500 万活跃用户，每个人的信息来自约 1 500 个数据源，目前这些人主要集中在美国。作为一个身价数十亿美元、被业界称为大数据营销市场上"安静巨人"的超大型企业，它对大多数美国人的了解，远远超过了美国联邦调查局、国税局、谷歌和现在时髦的社交媒体脸谱网。Acxiom 还因在 2001 年"9·11"恐怖袭击后，应联邦调查局要求，准确提供有关 19 名劫机者中 11 个人的信息而在业界名声大噪（也就是说，他们拥有的大数据连联邦调查局也没有）。该公司的客户横跨小型企业和大型财富 100 强企业，包括大型银行如富国银行、汇丰银行，投资服务商如 E * TRADE，传统企业如丰田和福特汽车、百年超级百货连锁店梅西公司等所有关注和洞察客户购物行为的大公司。

这家企业转型成功的秘诀在于 40 多年来积累的海量消费者历史数据，开发更先进的互联网数据收集和分析技术，充分运用数据挖掘等各种新兴算法，同时从微软、谷歌、亚马逊和 MySpace（目前全球第二大社交网站）等企业招募各类高端大数据人才，并利用跨平台（互联网、智能手机、传统市场营销渠道等）的综合数据收集方法，来塑造每个消费者详细的、专业离线的、"360 度视角"的资料。在此基础上，该企业预测未来的购物、娱乐、社交和日常活动等行为点滴，并把这些数据出售给其客户，或帮助其客户制定更精准的广告策略和营销手段。由于这种方法是从实时的角度（横向）和历史的角度（纵向）来分析个体消费者，找出他们的共性并进行分类，因而比那些只通过在用户浏览器上放置"小甜饼"（cookie）来跟踪用户在线活动的方法更精准，更具颠覆性创新。比如企业客户可以购买有关个人或家庭消费、健康的各种数据，以充实自己的营销数据库。那些有过敏症、糖尿病或有买房刚性需求的消费者因此均可成为药房或银行的营销目标。又比如，该企业通过向商家提供消费者的社交媒体在互联网和移动通信方面的使用习惯细节，帮助商家找出有针对性、更有效、更直接的方式向这些消费者推销产品。其他收集到的人口经济类数据如"基督教家庭""节食／减肥""理财""吸烟／烟草""白人""西班牙裔""非裔美国人""亚洲人"等也为相互竞争的公司提供了比对手更强大的促销利器。

最能说明 Acxiom 创新业务模式的一个例子是，该企业通过大数据市场调查，发现一个叫马允的消费者经常在京东、淘宝等电商平台上购物，通过对其浏览历史和月度及年度消费行为、喜好、工作、收入、信用、婚姻、教育程度、座驾等数据的综合分析，界定其为单身、程序员、宅男一族，喜欢电子产品、看喜剧电影、听古典音乐、交友和玩太极拳。Acxiom 公司于是把马允的相关数据卖给其合作电商客户。一周后，当马允再次登录其电子邮件时，发现有一条正在打折并承诺免费送货的打印机广告，而这款打印机正是上周他在淘宝网上浏览过的，当时他在这个打印机广告上停留了 4 秒钟。而当他登录淘宝网时，眼下正在火爆上映的电影《何以笙箫默》的在线浏览广告弹出……在马允进入他的社交网站时，国家大剧院《费加罗的婚礼》义演邀请广告划过……类似的经历很多消费者都经历过。这些报价和广告并非随机，而是基于 Acxiom 公司独特的消费者分类体系，PersonicX。它利用各种数据和指标体系，把各个消费者分类在 70 多个详细的社会经济集群里，并配给他们相应的销售推广模式。这种基于大数据的消费者个人智能匹配是 2015 年精准广告推送的最新趋势，Acxiom 公司在 2012 年就开始做了。

这种算法和技术上的突破，使得 Acxiom 形成了独特的数据收集以及挖掘数据背后商业价值的优势，其充分了解各种专业和微小市场细微差别的能力远超其竞争对手。在帮助大批客户成功推出一些他们前所未有的营销决策后，Acxiom 的创新产品受到了市场的广泛认可。Acxiom 公司的远景是成为世界领先的"数据精炼厂"，而不是只专注数据挖掘的软件方案解决商。这个市场定位说明 Acxiom 坚持把数据收集及其分析融为一体，从而在长期的运营中能够与脸谱网和谷歌在大数据领域一争高下。

消费者隐私保护

看惯了 CEO（首席执行官）、COO（首席运营官）、CTO（首席技术官）和 CIO（首席信息官）这些词，CPO（Chief Privacy Officer，首席隐私官）这个职位对很多人而言还比较陌生。世界上第一个正式的 CPO 职位始于 2000 年，由 IBM 开始，其宗旨就是保证企业信息数据的收集、利用和保护公司及其用户隐私数据的安全性、合适性与合法性。其实 Acxiom 公司早在 1991 年就在企业里设置了类似首席隐私官的职位，远远领先其竞争对手，该公司把自己定位为数据行业保密方面的领导者，甚至还提供了一个在线申请表。消费者可以向该公司提出申请，在确认了申请人的基本信息后，该公司可以让申请人知道它们都收集了申请人的哪些个人信息。Acxiom 和所有客户间有一个特殊的数据输送安全系统，对所有来往的数据都进行了加密。

虽然消费者保护协会和媒体对 Acxiom 这样的公司如此大规模的数据收集及挖掘分析时刻保持警惕，但由于其数据收集和分析及其交易完全合法（即使有些做法也许是在法律边沿游走），目前无法阻挡这类企业大数据业务的迅速扩张。

案例点评

　　西方发达国家的创新实践证明，一个社会的数据开放共享和消费者保护程度越高，其运行的效率也越高，为企业和个人提供的创新机遇也越多。所谓的开放数据，简言之，就是一切可以通过合法手段获得的数据，一切可依法公开、分享和使用的数据和一切可通过法律上诉渠道获得公开的数据。这些数据可以依法从政府流向社会和个人，也可以依法从个人、社会流向政府。而在中国，因为法律、教育、文化等各方面的因素，数据开放程度不高，其直接影响之一就是专门以收集和进行大数据分析交易为生的企业寥寥无几，无论政府或企业都无法从中获利。随着与数据相关的法律完善和市场力量的推动，中国的数据开放程度会越来越高，从而为利用大数据创新创造良好的社会环境和基础。

第五章　存储大数据

在确定了获取大数据的方法后，如何存储海量数据是所有相关企业和政府机构的一大挑战。由于数据属于企业和政府机构的重要资产，它们的存储也必须纳入其信息技术的战略框架内。根据现有信息技术、数据存储具体情况和未来扩展趋势，企业和政府机构存储大数据一般有两个选项，第一是把所获大数据存在自己机构内部，第二是把其放在第三方的公共或私有云端存储里。这两种方法各有特色与利弊。

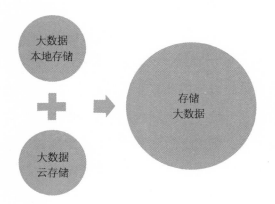

大数据本地存储

本地储存是指企业利用大型服务器、特殊硬盘甚至磁带，或各种特殊数据库、数据工场或专为存储结构化大数据而开发的各种软件（如 IBM、SAP、甲骨文这类企业的大型数据仓储软件），把企业所获和所需的大数据储存在企业内部。传统上，本地存储一般有两个备份，放置在不同的区域并实时进行更新，以避免风险。

由于越来越多的大数据涉及庞大的、非结构化数据集（无序、不遵循已知数据模式和规律的各种数据集合），与此同时，像谷歌或亚马逊这类企业往往还需要对这些数据进行快速分析，以便在几秒钟内提供基于分析的答案，而其他类型企业如证券交易所、银行或公安等部门在存储这些大数据时，也都面临类似的挑战，这使得大数据存储技术和产品变得越来越复杂。

综合世界著名数据管理企业和咨询公司当前最通用的实践，以下是大数据存储的一般要求：

从本质上说，大数据存储的关键是在最短时间内，存储系统能够处理海量数据。在保持相对灵活性以保证系统能跟上不断增加的数据量及其迅速的变化的同时，在单位秒时间段里又能顺利传送输入 / 输出数据运算的操作分析结果。

如果您的企业或政府部门如谷歌、百度、美国航天航空局、中国国家气象局等负责收集、管理、分析复杂的海量动态数据，同时又通过互联网运营展现给所有用户，那么您就需要所谓的超大规模计算环境（Hyperscale Computing Environment）。存储这类大数据需要直接连接大量大规模、高容量的服务器。这种存储方式要求企业具有内部硬件建设和维护的超强能力和预算保障。

对大多数大中型企业或政府机构而言，根本用不着超大规模计算环境和相应的大数据存储。运用时下流行的"网络附加存储"，即 Network Attached Storage（NAS），或者"集群式网络附加存储"，即 Clustered Network Attached Storage（CNAS）方式一样可以迅速处理、分析和展现大数据结果。NAS 是文本文件类的计算机数据存储服务器，它通常连接到计算机网络上，为不同用途的客户提供数据访问支持。NAS 不仅作为一个文本文件存储服务器，还专门通过硬件、软件或这些元件的设置来完成这些数据存储任务。不像有些通用设计的计算机只用来储存大数据，NAS 通常被厂商直接做成特殊的计算机设备，专用于存储和提供文本文件服务。而 CNAS 通常指可以满足并行多节点数据访问和存储的服务方式。这种方式的优点在于通过实施某种分布式或集群式文本文件系统设计，满足来自企业内外网络、任何节点、任何时间段上对大数据访问和存储的需求，比单个网络附加存储方式更可靠、高效。

另外一种正在开始流行但没有 NAS 成熟的技术，对象式大数据存储（Object Storage）也值得一提。鉴于集群式网络附加存储的树状文件系统结构在处理海量数据时开始显得有些捉襟见肘，对象式大数据存储方式应运而生。它通过给每个文件赋予唯一标识符对数据及其位置进行索引，可以快速处理基于互联网的、数以十亿计的超高容量的大数据。

大数据云存储

云存储和云计算可以看作大数据的两位一体，其技术也日益成熟。按维基百科的说法，云存储把各类大数据存储在虚拟的逻辑模型里，其物理空间存储跨越多个地域放置的众多服务器。云存储广泛使用上面提到的集群应用、网格技术或分布式文件系统等技术。云存储供应商拥有并托管这些服务器，它负责管理大数据的使用和访问权限以及云存储环境的日常维护和运营。企业、政府和个人在购买或租赁了云存储供应商的数据存储容量，存储好自己的大数据和处理好数据间逻辑关联结构后，就可以进行各种大数据运算与分析工作。一般而言，客户要想使用自己储存在云端的大数据，可通过一个和云存储供应商共同定位的云计算服务模式，一个特定的互联网服务应用程序编程接口（API）或通过利用该 API 的一个应用程序，如云桌面存储，或一个专属的用户云存储入口或基于互联网的内容管理系统来实现。

关于云存储利弊的争论已经很多，这里不再详述。简言之，对用户而言，其优点如下：

• 通过各种计算设备，用户可以随时随地访问其数据。用户储存数据（包括存储方式选择）按储存量付钱。这种数据储存和使用方法大大降低了企业、政府的数据储备和运行成本。

• 云存储方式对个案化数据保护、数据存储系统维修和便捷的数据访问往往有着极其严格的要求（这是这类公司赖以生存的条件）。这些先天条件可以大大减少云存储用户自身在这些方面的依赖和资源消耗。

• 云存储在发生故障时可自动切换，故而不影响用户使用数据服务的连续性。

• 用户所需的数据增量不受物理存储器容量限制，数据分析结果展示也不太受系统运行容量限制。

其缺点如下：

• 如果用户自身网络宽带方面投资不够或整个网络交通堵塞等，势必影响其从云端访问大数据的速度，云服务的可靠性和可访问性会大打折扣。

• 黑客一旦攻入一家云存储系统，就可以一次轻松掌握很多客户的各种大数据。

　　•不适用于涉及国家利益和企业机密保护问题的大数据。

　　•云存储服务商自身潜在的风险，如破产、经营方向转变、被收购兼并、不可预期并无法恢复服务的灾难等。

　　综上所述，如何取舍大数据存储方式（如二者选一或混合式）完全根据企业、政府机构自身的利益、战略、技术和管理资源来考虑。既要考虑财务预算资源，又要考虑各种长远影响。毫无疑问，牵涉到国家利益或企业核心利益的各种大数据，不宜采用云存储。

大数据储存管理 2015 年新趋势

　　像其他技术和产品一样，大数据储存技术也处于不断创新之中。预计从2015 年到 2016 年开始，具有颠覆性的储存技术和产品会慢慢引领世界市场。以下是这类技术发展的简单介绍。

　　•集群式网络附加存储作为大数据储存器产品，在技术和服务方式等方面会更加成熟。加之与其他技术的集成运用（如全球知名的网络管理和数据存储服务商 NetApp 等），可以预计其在 2015 年以后还会独领风骚。

　　•对象式大数据存储技术及其产品会加快研发并迅速扩展在各行各业中的应用步伐。这个趋势从 2014 年 5 月在美国加州召开的"全球 SNIA 数据存储创新大会"上就能看出。

　　•闪存 Flash 和 DRAM 技术常用来做各种形式的数据存储器，目前主要适用于小型计算设备，如可穿戴计算设备、智能手机、便携式 USB 驱动器等。根据《福布斯》杂志 2014 年 4 月 6 日的报道，配合日趋成熟的碳纳米技术，正在研发和实验中的超级闪存（Advanced Flash）技术会于 2016 年左右，开始用于制造可储存大数据的硬件产品。与此同时，业界正在研发并迅速投入使用的 MRAM、RRAM、FRAM 和 PRAM 技术也会在 2016 年左右，以价廉物美之势，逐步取代现有的 DRAM 技术，配合以复杂的应用程序，来储存和管理各大中小型企业的大数据。预计到 2019 年，全世界这类新式大数据存储器的市场价值将从 2013 年的 1.9 亿美元暴增至 21 亿美元。

• 云存储和计算会在公认的各种技术和产品风险的基础上，进行"渐进式、跨界式整合创新"，使其保密技术和运行性能更加成熟、高效。基于单个企业的、只服务于企业防火墙内的用户群的私有云（private cloud）托管技术、混合以公众可通过网络获取大数据资源的公共云（public cloud）技术、超大规模计算环境等云计算技术会继续引领行业发展。

• 近几年来，随着非易失性内存技术（non-volatile random access memory）的高速发展，内存数据库（in-memory database，简称 IMDB）这种依赖于主存作为数据存储介质的非传统数据库管理系统也逐渐为业界广泛接受。由于其 CPU 能够直接访问内存数据库，数据进出 I/O 路径与延迟方面有了质的飞跃。加之其内部更简单的优化算法，执行较少的 CPU 指令等特点，使得数据运行速度大大超过基于磁盘优化的传统数据库。在配以非易失性随机存取存储器（NVDIMM）技术后，内存数据库可以以其高速度、高容量、低成本和在出现电力故障的情况下仍可持久存储数据的能力，成为大数据的另类最佳存储器。对一些用户期待反应时间要求极其严格的企业而言，如电信网络设备、移动广告网络、工业控制和航空医疗等领域企业，选择内存数据库作为大数据存储和分析工具应该是今后几年的必然选择。

• 下一代 40GbE 内联网在数据中心的广泛运用。

运用大数据存储做创新

我们每个人小时候可能都有这种经验，当你在外边玩耍时捡到一个漂亮的鹅卵石、贝壳或是天边飞过的大雁羽毛，当你的各种奖状和最令人难忘的信件等个人收藏品开始堆积如山时，你需要面对的就是如何用小抽屉尽可能地把这些宝贝存起来，以便今后与家人、好友分享。再后来，有了企业，其文件、各种类型的数据越来越多，慢慢地数据存储和分享就成了问题。

企业通过巧妙利用大数据存储这个管理议题可以造就出各种创新产品并发现各种商机。通过以上关于存储技术和产品特征的综合分析，对有计划在大数据储存领域大展拳脚的企业而言：首先，应该根据自身资源、用户需求和长远战略等，选择合适的产品切入点，即硬件还是软件、云存储云计算架构还是咨询服务等。硬件包括各种大数据专用储存大型服务、即将到来的各种超级闪存产品、集群式网络附加存储器、对象式大数据存储器、新型智能磁盘和磁带硬件等。软件则包括各种大型可个案化的内存数据库、数据工场、仓库和专为大数据存储而开发的云计算架构解决方案等。

其次，即使在今天的欧美发达国家，无论是实体还是云存储方式，没有任何一家厂商敢声称自己拥有完整、可靠、适合于各种企业商务用途的大数据存储产品。根据企业的实际商业需求和其自身对大数据应用的远景规划，一个有效的、性价比高的大数据存储创意方案往往包括合理的储存管理软件，配以智能化的磁盘和磁带硬盘。这种综合而灵活的方案往往使企业用户可以毫不费力地存储、管理和访问所有大数据。根据中国和国际市场用户对大数据储存管理的不同需求，中国相关企业如果在研发这类创新产品时，选准目标市场，开发系列产品组合，进而满足其他外国竞争对手无法或无暇顾及的特定用户具体需求，通过渐进式创新和颠覆性创新相结合，就可以创造出拥有中国特色、自主品牌、服务全球市场的大数据储存器。在数据管理软件方面，由于中国企业起步晚，缺乏相关人才，长期以来这个市场一直为西方著名大跨国企业垄断，短期内很难对其构成竞争威胁。而在云计算和硬件方面，特别是在研发闪存储存产品、集群式网络附加存储器、对象式大数据存储器、新型智能磁盘和磁带硬件等方面，像中兴、华为、联想这类世界级的中国电信、计算机设备制造商正在迅速赶上，其他中小型制造企业如果能通过引进人才、购买专利、合作开发等方式，也可大幅度缩短生产大数据专属存储器的周期，进而赶超跨国企业，并打入国际市场。

▨▦ 案例 ▦▨

Carfax 之存储大数据篇

企业有了多方收集来的二手车大数据后，下一步就要考虑如何把它们高效、安全地存储起来，并便捷地使用。这部分案例的重点也在于此。

从接触汽车数据开始，Carfax 收集到的数据就有规则和非规则两种。规则的数据一般从可提供规范数据的汽车经销商、保险公司、车行、车管所、警察局等处购得。这些机构有自己的数据人才和技术，可以按合同把其拥有的数据做成合乎规则的、Carfax 认可的格式，以便 Carfax 能直接导入自己的数据库中储存。而非规则数据，例如大致可以看清车牌号的汽车图片（被报失窃的汽车，被水淹过的汽车等）、保存在磁卡上的汽车记录、一大堆从事故车上拆下来的车牌照片、手写的各种汽车保修单复印件等，Carfax 通常是从各种专业的连锁汽修店、汽车事故数据收集网站等地方廉价购得这些数据。这些非规则的数据才是 Carfax 竞争获胜的秘密武器。因为规则的数据谁都可以轻易获取。而这些非规则的数据中往往藏有特殊的价值。企业只有花大量功夫才能把藏在这些数据里的、有特殊价值的信息挖掘出来。举个简单例子，一辆车被偷了，警察不知道，或其被盗记录还没有正式记录在案，而失主把失窃的爱车照片发布在互联网上特定的汽车论坛里了。Carfax 通过扫描技术，定期到网上寻找这类信息。他们找到这类图片后，把其中的车牌号跟相关车管所的车牌号比对，从而获得这辆车的车辆识别码（VIN），再到数据库中自动比对其他信息。等到车辆所需的信息完全确认后，这款车就上了 Carfax 被盗车黑名单。买车的人或车行一查 Carfax 车史报告就知道这是赃物，不能买。他们每年还通过这种服务帮警察抓盗车贼。其他非规则数据中隐藏的价值，如水淹、火烧和事故车，也可以通过这种方法找出来。Carfax 存储这类数据往往要通过特殊的软件和传统的磁盘。手写的汽车保修单是另外一种非规则数据。他们在处理这类数据时，常常用特殊的扫描和文件转换软件，把保修单最后转换成数字文件，存入数据库。

2003 年还没有大数据这个概念和相应的便利技术，在处理和保存非规则数据方面，无法自动化处理，完全靠人工，费时费力。笔者当年经常花时间在处理这些非规则数据上面，就是为了找出一些跟对手不一样的、有用的数据及其价值来。很少有人愿意处理这些杂乱无章的数据。笔者当年的工作之一就是清理非规则数据、进行初步关联分析并把结果存进数据库。有一次当时的老板让笔者找个解密软件，把一个不知从哪里买来的、有几千辆报废车图片资料的磁盘解密并找出其中有用的数据。那个解密软件运行"猜"了整整两天也没破解密码，那些图片也就永久保存在那个老式磁盘上了。

Carfax 通常采用以下方法来储存这两种数据：

• 对规则数据，采用 VMS 这种传统的大型机服务器来储存各种各样的原始数据和报表。优点是稳定性和可靠性强，不容易被黑客攻击等。

- 像其他企业一样使用关系数据库来存储规则数据。设计开发自己的 Oracle 数据库和数据工场及各种数据集市等。
- 对非规则数据则用各种大型磁盘、特殊软件来保存。

随着时间的推移，这些大量的非规则数据积累起来，其价值越来越重要。近 10 年来，Carfax 的企业规模以每年 18% 的速度增长，其拥有的数据总量也从 2002 年的 2 亿条，突飞猛进到 2012 年的 100 亿条。传统的关系数据库和数据工场都已经无法有效驾驭这些真正的大数据了。与此同时，这些大数据的物理和虚拟储存空间、能耗和降温需求都呈几何数量增长。受此影响，整个数据储存系统各方面的性能指标也都在大幅度下降，无法适应市场需求和激烈的竞争局面。

市场上对大数据存储的解决方案有很多选择。哪种方案更有利于企业的长远战略发展？到底是继续把如此庞大的数据存在自己可控和管理的数据库里，还是把数据交给企业私有云存储管理？对这些问题的考虑和决策，既需要兼顾战略规划和风险评估，又要平衡企业员工的利益和办公室政治斗争。一方面，经过多年积累，Carfax 已经拥有一个庞大的数据资产及其管理、研发团队。企业每年 40% 的收益都用于采购、存储数据和更新存储设备等。企业采用云存储和云计算方式固然有很多优势，但要把大型机和现有的数据库全部换掉，同时把其中所有的分析和算法工具一次性转移到云端，需要较长时间。这对于一个每时每刻都不能停止运营，而且要持续开发新算法和大数据产品的企业而言，其代价和风险较高。对于那些服务了公司多年的数据存储管理的员工而言，选择云存储和云计算，无疑要让他们当中一些人丢饭碗。这会对员工的士气造成很大打击。基于这些评估，继续把大数据储存在企业内部而同时又采用最新的 NoSQL 技术来重新存储和处理数据就是最现实、最好的选择。

在经过数月的评估和争论后，到 2013 年春天，企业高层终于决定放弃原来的老数据库平台和 VMS 大型机，采用时下流行的、开放源代码基础上的文本数据库。所有数据逐步转入 MonoDB 的 NoSQL 数据库，同时更新 50 多个服务器、10 多个超级硬盘和 6 个节点。在彻底解决了同时存储 140 亿条各种格式的数据（规则 / 非规则）、7 亿辆汽车资料这个头疼的问题之际，其新的数据库系统性能得以大大提升。这反映在一系列方面，诸如数据备份速度、自动存储、灵活的索引支持、强大便捷的搜索功能和即时系统更新等各项指标都有了大幅度的提升。如今，Carfax 从 7.6 万个数据源获得的海量二手车数据，无论格式如何，都可以先直接丢进这个新的、超大型数据库系统里。他们接着再对元数据进行清理、整合、重构、重新定义、分门别类、建立新老数据间关联关系，然后把所有大数据储存在五个出租场地、跨区域的超大型数据（存储）中心，以便进行下一步的数据分析、管理和产品设计。这五个大型数据中心里，其中两个做内部数据支持，其他三个中心则对外支持企业和个人用户市场。他们同时还额外租用了一个第三方主机托管做数据备份。这种存储结构除了大幅度提高数据存储的方便性和灵活性外，这三个中心每个承担约 33% 的数据承载量，可以对用户的搜寻需求提供迅速及时的反应。

■■| 案例 |■■

DropBox 云存储颠覆性创新的故事

如果历数乔布斯生命最后几年里"失败"的颠覆性创新产品，非 iCloud 莫属。而 iCloud 的上马，就是乔帮主为了打败硅谷当时正在冉冉升起的新星——DropBox。2011 年，乔布斯独具慧眼地盯上了这家小型初创企业。当时这家企业在运用云存储技术帮助企业和个人存储各类文件方面已展露出远大的商业前景。乔帮主是其创始人 MIT（麻省理工学院）辍学生德鲁·休斯顿的精神偶像。但他没想到在苹果总部的会面，竟然无法说服德鲁·休斯顿将公司出售给苹果。乔布斯最后负气地对德鲁·休斯顿说："你做的东西根本就不是个产品，充其量就是个新功能。你现在不卖，我半年之后就会做出比你更棒的产品。"结果证明，乔帮主错了。iCloud 推出后，由于其功能仅限于苹果操作系统，且复杂不好用，除了果粉埋单外，市场反应平淡，而 DropBox 仍然独树一帜，雄居硅谷。

DropBox 是硅谷一家著名的大数据公司，其独特的云存储产品是一款非常好用的在线文件同步共享工具，通过云计算实现互联网上的文件同步，用户可以存储并共享文件和文件夹。公司为个人和企业提供免费和收费服务。在安装了其应用程序后，DropBox 的文件夹会出现在你的电脑桌面上，任何你存到该文件夹里的各种格式的文件（文本、音像等）会被自动上传到 DropBox 的云端服务器里，同时立即备份在你所有相连的计算机和移动设备中。这家 2007 年才成立的企业，到 2014 全球用户已达到 3 亿，员工 700 人，年销售额 2 亿美元。现在按《华尔街日报》估计，市值超过 100 亿美元。

这家企业成功的故事再次向世界证明了硅谷的成功模式，即在细化和清晰界定市场具体需求的基础上，研发颠覆性的技术解决方案并成功推出创新产品。同时也说明了一个老生常谈的道理，机会总是留给有准备的人。其创始人德鲁·休斯顿在麻省理工学院学习计算机期间，曾设计过一款会自动在线玩扑克与真人对决的"机器人"（一种计算机程序而已），他还花了 3 年时间设计了一款帮助学生准备高考的在线课程项目，最终都一无所获。但这些挫折后来为他开发 DropBox 提供了创意灵感火花。德鲁·休斯顿一次坐长途车从波士顿去纽约。当时为了打发 4 小时无聊的车程，他想利用平常存在 U 盘上的文件，在电脑上继续写点东西，结果在口袋里四处摸索才发现忘在学校里了，当时他就想："以后再也不想遇到这样的麻烦了。"而自己的遭遇，其他人可能也有过。如果设计一个随时随地无论在什么计算设备上都能看自己文件的产品就可以解决这个问题。而要解决这个问题，必须把文件储存在互联网上，即对文件的在线云存储。主意拿定后，他就开始在长途车上写代码。DropBox 的雏形就这样诞生了。

其实，在德鲁·休斯顿设计研发 DropBox 之际，硅谷已有许多企业开发出了在线云存储产品，而且也拥有了一定的市场占有率。但这些产品都有以下一些突出的当时无法解决的问题。

1. 不可思议的复杂。如果用户要对不同设备上的不同文件夹进行同步整合，然后在指定的时间间隔内备份这些文件内容，他们必须一步步手动进行。这个过程非常复杂，极不方便。

2. 文件查找缺乏灵活性。在用户整合了不同版本的文件后，他们要想把这个文件找出来，需要很多层的点击访问才能找到想要的文件，而这就是个典型的设计问题。

3.用户无法在不同的计算设备间进行文件同步集成。即便不同计算设备和操作系统使用同一存储软件，用户还是无法在它们之间对同一版本的文件同时进行自动复制、集成、储存和无障碍浏览。比如说你在 iPhone 和 iPad 这些移动设备上创建了文件，你如果使用其他存储产品，这些文件就无法自动复制到你家里的电脑上。

当时在市场上，从事这行的企业都看到了利用云存储技术来满足客户随时随地存储海量数据的需求这一大方向。但他们对客户的上述具体需求并没有进一步细分，技术上更没有做到不同计算设备、操作系统间即时同步整合。更有甚者，他们的存储解决方案都是基于一个特定计算设备和特定操作系统，而且这些企业的产品相互排斥，无法兼容。这些从用户体验的角度看都是非常不明智的。当然很多用户在无从选择之际也只能将就，然而一旦有满足他们具体细分需求的新的替代产品出现时，他们可能就会成为新产品的用户。因此，如何精准把握和提升用户体验对做大数据产品创新也同样很重要。

德鲁·休斯顿及其创业团队在研发产品和推广方面也采用了很多独特可行的方法：

1. 由于起初只有他和合伙人两个人，Y Combinator 天使投资也只给了 12 万美元，他们从一开始就采用了 MVP（Minimal Viable Product），即"最小可行的产品"研发方式。这种方法是初创企业研发一款新产品最高效、最经济的方法。现在也有人把快速迭代式开发方式与其互用。其核心就是通过设计产品雏形，测试最根本的商业功能和假设。在这个不断设计、测试和学习过程中，DropBox 的最终目标——研发一款最符合用户习惯、简单好用的文件创建、分享和云存储管理工具——慢慢地清晰起来。

2. 团队没有专门的销售成员。所有成员都是软件工程师。他们一开始的研发方向就是把支持和整合各种计算平台及操作系统——如微软的Windows，苹果的 Macintosh、iPhone，安卓等——作为产品的核心功能。所有这些整合的执行程序都发生在 DropBox 系统最深的地方，只有非常专业的软件工程师才能用来进行与用户体验的无缝对接。这也是DropBox 成功后其他竞争对手绞尽脑汁也没想出来的秘诀，更不用说山寨了。

3. 很多以工程师为主的创投企业烧钱失败，主要原因就在于其企业文化和工程师思维定式决定了"反正拿到风险基金了，我们只要做出好产品，再加上市场营销攻势，产品自然会有人来用"的研发方向。而DropBox 则反其道而行之。在软件产品开发的同时，为了避免软件产品在大量市场用户测试时出现故障，德鲁·休斯顿及其合伙人也想看看该产品雏形的市场用户反应，他为此专门制作了一个 3 分钟的视频短片来演示其产品理念和功能，然后开放市场用户评论。这个奇特的方法获得了意想不到的热烈反应，愿意注册参与测试的用户一天内从 5 000 人增至 7.5 万人，大大超出预料，参与评论的人数很快上升到 50 万。在这几十万潜在用户的基础上，德鲁·休斯顿及其团队在产品最后研发阶段和产品推向市场后仍不停地与用户互动，再按照用户要求和反馈，对其产品进行迭代和完善，最后使得产品的各项功能广受欢迎。

4. 虽然创业团队成员都是软件工程师，也没有雇用专业的市场营销人士，但因为有众多的粉丝支持，德鲁·休斯顿想到了传统的口口相传、熟人介绍的营销策略。他在设计用户免费注册就获 2GB 存储空间的基础上，通过独特的"邀请机制"增加用户量。一位用户每邀请一位新用户，可获得 250MB 免费使用空间（以教育为目的用户如学生、教

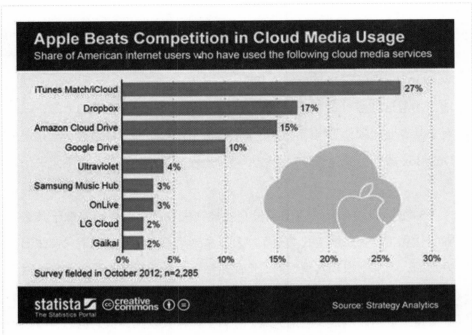

图 5-1　Statista（市场研究公司）数据分析

师和科研人士为 500MB，最大免费空间上限为 3G）；邀请和受邀的注册账号可同时获得更多的存储空间，用户通过邀请其他人使用和参与相关活动也可获得奖励；2GB 满后，用户可通过付费获得更多存储空间。这些有效但不花钱的营销方式大大刺激了产品用户的注册量。

笔者自己用这款产品的亲身经历也很能说明问题。2013 年笔者应纽约龙门资本之邀，担任北美创新创业大赛评委。在筛选参赛团队资格时，要看他们提交的包括视频的各种格式文件。当我在笔记本电脑和手机上下载了该软件后，走到哪里都可以利用零碎时间从不同的计算设备上浏览这些文件，另外还有一系列其他很酷的功能。用户体验确实很棒。这家公司在黑石投资牵头的、最近的一轮融资中获得 2.5 亿美元。市场对其从 2013 年到 2015 年的估价已经翻了不止一倍。从创新的角度看，有以下几个原因：

1. 颠覆性的产品创新及其远大前景。根据 Statista 的统计图，目前在云存储领域里占美国市场份额最多的产品当属苹果的 iTune Match/iCloud，占 27%；DropBox 紧随其后，占 17%；亚马逊的产品份额则与 DropBox 相当，而 DropBox 的市场份额则超过谷歌的产品 7 个百分点。

资本市场对 DropBox 情有独钟之处在于，你只要在任何计算设备上下载了这款软件，就可以随时随地访问你实时整合了的各种数据，包括文件、音像等。这款产品彻底打破了（大）数据存储的硬件和操作系统界限。它通过跨硬件和操作系统可以做到无缝同步存储、更新和备份，这反而使得特定的硬件和操作系统完全变得可有可无。这一点令 DropBox 的对手望尘莫及。长此以往，这款产品对现有基于特定硬件和操作系统的数据存储方式会产生颠覆性的破坏，从而把竞争对手挤出市场。参与最新一轮融资的风险投资家比尔·格利在其个人博客里专门提到了 DropBox 这个为一般人所忽视、但必将对未来的云存储市场产生颠覆性影响的特质，即它解决了云存储技术里"保持相同文件无处不在的同步状态"的关键问题。随着云存储市场的迅速扩大，DropBox 的潜在领先优势也会爆发出来。

2. 除了持续研发和完善云存储产品，DropBox 于 2013 年收购了著名的电子邮件应用软件研发公司 Orchestra，其目标在于研发从管理数码相片数据到上传电影的系列新产品，并与其传统的存储产品相配套。

3. 在产品战略上，虽然腾讯的微云网盘产品对用户推出可提供上至 1 万 GB 的服务，但是 DropBox 已开始细分并向企业客户推出其他的产品功能，如文件安全管理软件包等，以便企业更好地控制其用户文件和数据存储。

案例点评

　　DropBox 进行数据云存储的创新成功经验可能是老生常谈的故事了，但其比任何竞争对手都了解市场及客户的深度需求，据此进行颠覆性技术和商业模式创新的方法仍然值得每个做大数据创新的企业借鉴。

第六章　管理大数据

按《大数据云图》一书的划分，数据存储和管理应该划归基础设施之列。储存大数据后，如何有效管理大数据是另外一个挑战。一方面，大数据管理应当遵循业界传统的数据管理方法；另一方面，由于大数据的特殊性，目前尚未形成有共识的专门的大数据管理方法。以下是大数据管理的一些基本范畴。

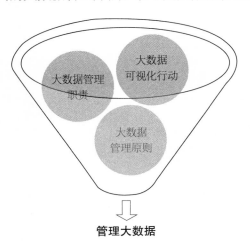

管理大数据

大数据管理的一般职责

如今市场上大部分大数据管理工作是在本地大数据和云存储大数据管理

平台架构下执行的。这些日常的管理工作保证了来自不同数据源的数据可以按商务、政务和技术要求整合在一起，以高质、高效和灵活的方式支持大数据下一步的分析、挖掘、可视化和产品服务创新。需要特别强调的是，大数据管理这个范畴和技术本身也可被企业和政府机构用来做产品和政务创新。以下是通常的大数据管理职责一览表，供感兴趣的企业和政府机构相关人士参考。对这个行业感兴趣的读者也可以通过这个表格了解大数据技术管理员日常的工作图景。

数据清理	**Data Cleansing**：是指删除、纠正数据集里的错误、不完整、格式有误或重复的数据。数据清理的结果不仅仅可以更正错误，同样可以用来加强来自不同数据源的数据之间的一致性。
数据更新	**Data Updates**：以新数据项或记录，替换数据文件或数据集中与之相对应的旧数据项或记录的过程，通过删除、修改、再插入的操作来实现数据集更新。
数据审计	**Data Auditing**：数据审计是进行数据审核的过程，用于评估公司的数据是否适合特定目的。其过程涉及通过数据剖析和评估质量较差的数据对企业现在和未来业绩、利润的影响。
数据分类	**Data Classification**：按业务要求对不同类型数据进行特定目的的分门别类，以便更好地搜索和跟踪这些数据并对其进行更有效的分析。
数据过滤	**Data Filtering**: 提炼数据集中用户（或用户组）所需数据并使之以简单的方式呈现出来，过滤掉其他重复的、跟用户需求不相关的甚至是敏感的数据。
数据剖析 / 归档	**Data Profiling**：通过详细分析候选元数据来澄清其结构、内容、相关关系和逻辑推导规则的方法。数据剖析 / 归档不仅有助于理解数据异常背后的原因和评估数据的品质，而且还有助于发现和评估企业的元数据，比如哪些有用，哪些没用，以便在战略上判断待选、候选元数据系统的适用性，并在战术上确定相关的数据解决方案和系统结构设计。
数据结构化	**Data Structuring**：为了更有效利用所获数据而对该数据集从数据结构上进行特别优化安排。
数据模式化	**Data Modeling**：在充分理解各种业务用例及其要求的基础上，对现实世界（政府、企业、机构等）所拥有的各类数据进行抽象组织，确定各相关数据集涉及的业务及管辖范围、数据的组织形式等，经过系统分析后抽象出来的概念模型转化为逻辑模型，直至最后的物理模型。其表现形式为数据库、数据集市、数据仓库和各种类型的数据集（文字、字符串、音响、图片、音频、视频、表格、体征、符号集等等）。
数据搜寻	**Data Search/Query**：根据业务用例，确定各种所需数据并使便捷搜寻相关数据成为可能。

（续表）

数据共享	Data Sharing：使现有数据集为所有授权用户按所享权力使用（如数据的接触等级和范围，数据的可读、可视权限，数据可下载、上传、拷贝等）。
数据集成	Data Integration：数据集成是指把不同来源的数据，通过信息技术和业务流程组合成有意义和有价值的数据资产的过程。一个完整的、多数据源集成解决方案包括发现、清理、监控、改变和交付等各种手段。
数据变换	Data Transforming：数据变换是指把来自一个元数据系统中的数据及其价值输入和转化成目标数据系统可接受的数据格式的过程。数据变换可分为两个步骤：元数据系统元素到目的地数据系统的数据映射（data mapping），创建该过程中的数据转换代码生成方案（transformation program）。
数据风险管理	Data Risk Management：数据风险管理是信息系统风险管理的一个重要组成部分。它有助于用户和管理者在充分了解、监控企业和政府机构的数据资产的属性、所有权、使用权、数据政策和各种其他数据信息的基础上，使用户能够监控在使用、管理数据的过程中可能遭遇的各种内外部风险，从而提高管理决策人员跟踪和管理风险的能力。
用户管理	User Management：大数据系统用户权限管理用以限制、控制、监控、授权、去除、调整不同级别、不同部门的各种用户访问和使用大数据软件、数据库和其他相关的信息系统。

大数据可视化行动

数据小型化	Big Data Slice：就是把大数据按其特征、用途、归属、关联等分门别类，从而在规模上、逻辑上将其整体分割、分布成较小的面积占用单位（footprint），利用管理软件、不同数据集和存储方式把它们有效管理起来。
数据可视化	Virtualization：把大数据系统通过创造可视化结构的过程，实现企业、政府、个人用户可以在人机互动界面，对大数据进行便捷的查询、搜索、阅读、观看和管理等功能。

　　尽管大数据管理的原则和实践还在摸索之中，这些传统的管理方法加上可视化就构成了今天大数据管理的基本框架。大数据的可视化是大数据呈现给终端用户的必然结果，企业、政府无论如何管理其大数据集，最后必须使其小型化和可视化，才能做到多个应用程序重复使用相同的数据集及其所占空间，而且较小的数据集占用空间单位有利于把这些数据存储在各种相关设

备中。通过减少数据占用，可视化数据再利用、存储和大数据中央控制式管理，大数据最终可被转化成一个个较小的数据集，这样处理数据的速度就会大大提升，大数据安全性能可以得到更好的保护，数据分析结果会更准确。大数据可视化还可以带来其他额外的好处，如终端用户可以享受数据应用的灵活性和自由度，同时可以大大降低大数据的运营成本。

大数据可视化的概念很广，不仅可以用在各种面向内部用户的数据管理，也可用于硬件和网络设备的管理。其最重要的运用是把大数据分析和计算的结果呈现给外部用户。

大数据管理一般原则

对于要高效使用大数据的企业和政府机构而言，首先，要考虑这些数据的生命周期及其特点，投资相关技术以保证这些数据在其生命周期里的准确性、及时性和可用性。

其次，任何数据的质量对业务决策都至关重要，大数据系统也不例外。保证大数据本身的质量跟掌握大数据分析的洞察力乃皮与毛的关系，质量不确定，洞察力就大打折扣。

某些类型的大数据对企业至关重要，而另一些则没这么关键。一定要确保关键数据的管理得到优先处理。

要想"多快好省"地访问大数据，就要面临很大的风险，因为大数据安全管理需要控制、投资各种管理工具，以尽量减少风险，而控制越多，就越无法满足多快好省的要求。企业和政府机构需要找出最优化的管理方案和流程使得在维持必要控制的同时，尽可能保证用户访问的性能，保证用户体验及其满意度。

由于大数据安全保护不仅仅是企业和政府机构自身的事，往往也牵扯到外部客户，因此必须检查企业和政府机构与客户所签的法律文件和服务协议是否覆盖内部员工数据使用权限、授权可浏览和使用的数据、网络、合作伙伴和外部客户等所有资源。

为了尽量减少由不准确或欺诈性元数据带来的破坏，企业和政府机构需要考虑其大数据所依据的所有数据源，并认真分析和评估每个元数据可能存在的漏洞和缺陷。

大数据管理需要制定面向未来的策略。这意味着不仅应该立足于眼下所拥有的大数据，也要保证随着新增加的大数据不断进入系统，企业和政府机构能从容应付相关的系统管理负荷，以确保大数据可容量、访问便捷度、安全、质量、分析结果及日常运营不受影响。

运用大数据管理做创新

运用大数据管理技术和技能做创新可分成两个方向：设计、研发专门的大数据管理软、硬件产品出售给市场，成为大数据管理供应商；而为企业、政府机构现有的大数据提供个案化的创意咨询服务，成为大数据管理解决方案商，则为另外一个创新方向。其具体表现为通过对客户现有信息管理系统的架构（用户界面，数据库/数据工场，各应用模块，报表系统以及相关联的会计、人事、市场营销等数据应用和决策支持系统，网络体系，各种服务器和安全系统等）进行再设计、改造，使之能在大数据环境中，从容实现及时处理、储存、管理、分析、生成报表等必要功能，以支持客户的全面业务持续成长。时下流行的企业和政务大数据管理平台建设就是其中的创新方向代表。

对美国很多大跨国企业而言，大数据管理创新产品只是其现有数据管理软硬件产品链的一个自然延伸。更多的软件企业则审时度势，在适应市场潮流的同时，顺势推出各种大数据管理解决方案。对中国企业而言，这两方面相对都比较欠缺，传统的数据管理市场往往为跨国企业如 IBM、甲骨文、SAP、微软和爱森哲等企业所垄断。与此同时，有些政府机构、企业所拥有的大数据由于其所牵涉的信息比较敏感，涉及国家安全议题等原因，无法让这些传统的跨国企业管理其大数据。然而在商业数据运用领域，由于自身的缺陷，许多企业不得不倚仗这类跨国企业数据管理供应商来管理其大数据。谢文先生 2013 年把这种现象归纳为中国信息技术时代的"大数据殖民地"。虽然这是一个富有争议、吸引眼球的话题，但确实值得引起社会、政府、企业和创业家的高度重视。这些挑战要求中国企业必须快速研发自己的大数据专属管理软件并转型成为大数据解决方案供应商。

▉▎▏ 案例 ▉▎▏

Carfax 之管理大数据篇

　　Carfax 的这部分案例看点是如何高效管理大数据并支持企业的日常大数据运用。

　　任何大数据管理的核心都是为了给企业提供高质高效的数据运用功能，以便尽可能地满足其各种商业智能和数据分析之需。这些数据管理职能往往包括对所获大数据的审计、剖析、清理、分类、更新、模式化、风险管理和用户权限管理等各项内容。

　　由于二手车报告上的数据来自不同的数据源，企业对其进行数据集成和数据变换是数据日常管理中至关重要的一环。在把各方收集到的元数据通过分辨、确认、清理、集成、变换和存储进数据库以前，商务分析和管理人士需要对其进行"审计"，即确认供应商提供的数据是否与其合同承诺的相符，如元数据数目是否吻合、格式是否符合期望的标准、数据可用与不可用的比例如何，元数据与企业的商业用途是否高度相关，元数据的质量如何，是否有无法辨认的数字、文字、不完整的汽车事故和保修记录描述等。其次是"数据剖析"，即对元数据进行统计分析，从中发现诸如有多少数据可以用在企业正在进行和未来规划的产品中等。笔者当时的数据采购团队也常常根据这个指标来判断是否继续从某家数据经销商购买数据。

"数据清理"工作往往由数据分析师来完成。他们要检查所有数据，看其是否符合基本格式要求，是否含有那些最重要的数据单位，如车辆识别码（VIN），跟此汽车相关的重要事件（如重大保修，召回等）、任何事故的日期及其相关描述的记录等。继而通过数据库程序把符合要求的、可用的数据提取出来，把可修正的数据修正好，剩余无法利用的数据可能会退回数据供应商。

数据清理完成后，数据分析师就通过软件程序把数据输入数据库，并按"公用来源－从政府那里获得的数据"和"私有来源－从非政府渠道获得的数据"区分开来。"数据分类"的其他方面是把数据按业务归属、保密属性、可公开程度、用户支持和访问权限等分门别类，从而在需要之时便于搜索查询和跟踪其使用情况。随着企业通过开发大数据进入不同业务领域的需求日益增加，对海量数据进行快速分类和关联的任务就越来越重要。分类原则和指导方向也会随着业务的变化而变化，并由此影响未来数据库的设计和更新。

在管理海量数据时，企业不同业务部门会使用和接触相同的数据，这些数据可能会经过计算衍生出新的数据，由于每个员工来自不同的业务背景，在用自己熟悉的业务术语来诠释这些数据并进行内部沟通和交流时，为了提高效率和避免沟通中产生歧义，还需要制定企业内部统一的元数据规则和数据字典。有了这些数据管理工具，每个员工都可以很清晰地知道到哪里可以找到自己想要的数据，它们的记录如何演变，它们的专业定义如何，它们背后的计算公式是什么，衍生出的逻辑关联如何，谁有权可以更改这些数据等。

数据分析师每天的"数据更新"工作就是把已有数据库里的各种数据通过新得到的数据进行系统自动关联和更新，使每辆汽车的最新动态能尽可能及时准确地反映出来。如一辆上个月还正常行驶的车，这个月出了事故，而且有了保险索赔，如果该车车主决定买辆新车，这个索赔记录对车主购买新车的保险额就会有直接影响。对于出事故的汽车来说，它就有了一条事故记录数据。再如一辆几个月没保养过的车，这个月做了一次大保修，这辆车这个月就有了一条保修记录。车主要卖车，买主查车史报告，这些数据的及时更新如果立刻反映在车史报告上，买主就会愿意多花钱买个平常保养状态良好的二手车。而对于同一辆车，如果竞争对手没有这方面的数据，即使他们打价格战也不用怕。但若反过来，一辆车出了车祸，车主修了车，换了关键部件，但因为车史数据没有及时更新，卖主从车史报告上发现这个缺陷后，可能会抱怨车卖不出好价钱是 Carfax 的问题，还可能要求赔偿。这些例子都是我们经历过的，反映出日常数据管理工作中及时更新数据的重要性。

数据模式化是数据库管理工作中非常重要的步骤。在掌握了二手车的大量相关数据后，我们会对其进行分析、抽象，从中找出围绕着包括车辆识别码（VIN）、相关核心业务（如二手车经销商、保修公司、保险公司、银行等）在内的各种信息间的关联关系，进而确定其数据库、数据工场和数据集合的架构，通过逻辑和物理建模手段最终创建和实现对应的中央控制或分布式数据储存方式。数据管理的范畴往往包括数据更新、模型再设计、结构调整、最优化、性能调试、报表生成和风险管理等职能。每天输入数据库的这些数据在经过了一系列格式化、归类处理后，就变成了 Carfax 庞大资产中的重要部分。

　　数据系统的用户及其数据使用权限管理是用来保障企业内部不同用户接触和使用数据的权力。数据库管理人士会运用这种权限对不同部门和职责岗位的用户进行分类管理，根据其职能角色、职权、责任划分不同的用户种类，如系统管理用户、数据系统用户、超级用户、数据库管理员用户、领导用户、专家用户、操作员用户、客户用户等。根据用户种类就可以决定该用户是否可以用"访问""上传""下载""修改""删除""备份"等权限来管理或使用数据。早期的数据用户权只限 Carfax 内部，为了提高效率，后来也给予外部数据供应商一定权限，使得他们可以把其元数据直接上传到 Carfax 的数据收集系统里。这种点对点的数据传送对接方式可以实现汽车数据的实时更新。如一辆车上午刚保修过，下午这个记录就可以与其他数据一起批量传到 Carfax 的数据中心；一辆车昨天刚出车祸，警察局今天就可按合同把数据直接传过来等。

　　数据风险控制管理。庞大的数据是企业的重要资产。企业拥有大数据就意味着需要严格的风险管理机制来应对来自企业内外可能对其数据造成的任何危害，比如黑客盗窃和破坏、用户无意甚至是有意造成的破坏、数据系统损毁等。最好的数据风险控制策略就是预防为主，而非出了问题再去补救。Carfax 每月员工培训的一个重要内容就是让每个员工都时刻警觉其行为（如何正确收发电子邮件、如何识别黑客活动、如何正确使用数据等）对企业关键数据可能造成的影响和可能承担的法律责任。同时，他们还通过严格的流程管理、审计监督来监管数据下载、上传、嵌入、使用、更新、接触、删除等每个环节，并从程序上设置各种预警机制来确保数据安全和完整。此外，他们还建立了超大型数据备份机制，做到与中心数据活动同步。这些措施的顺利实施把数据管理和运营所面临的风险降至最低。

数据使用管理报告是针对企业内部用户应用和访问数据情况的日常记录和分析报表（如哪一类数据的使用频率和应用范围最广，这些数据都用在企业的哪些产品上，谁提供和经常消费这类数据，有何反馈等）。它主要用于审计、运营和风险控制，数据总监每周必看这类报告，以便通过了解企业常用数据的使用情况制定更为有效的数据管理措施。

▓▓ 案例 ▓▓
明略数据

案例背景

明略数据是中国领先的大数据整体解决方案提供商，其产品线全面覆盖大数据基础平台、应用和可视化各个层次。三大系列核心自主研发产品包括大数据平台 BDP、数据挖掘工具 DataInsight 和可视化展示套件 Charmiboard。至今已为来自金融、电商及政府等多个领域的客户实现了大数据技术的部署和应用，并实现业务的创新和产业升级。

中国邮政储蓄银行河北省分行于 2008 年正式挂牌成立，现营业网点 1 335 个，70% 以上的网点分布在县级及县以下农村地区。截至 2011 年 9 月底，银行个人储蓄存款余额达到 1 779 亿元，累计发放小额质押贷款、小额贷款、个人商务贷款、个人房屋按揭贷款、小企业贷款约 380 亿元，通过银团贷款、协议存款、同业存款等方式为河北全省提供资金支持约 600 亿元。

客户大数据业务需求

随着金融市场经营权向全社会开放，国有商业银行间竞争加剧，各种非银行金融机构的理财产品和互联网金融对现有存款市场和传统银行业务产生冲击，加之作为主要经济支柱的房地产市场疲软，使得该商业银行遭遇前所未有的挑战。如何通过成熟的科技手段和先进的方法快速提升银行工作效率，把现有的标准化金融产品和服务做得更好，提升现有和潜在的用户体验，积累用户口碑，更好地迎接利率市场化的挑战，以及更好地贯彻国家对中国邮储银行在普惠金融政策中的定位和使命，为自身发展转型创造时间和条件，这一系列问题和挑战促使河北邮储银行在 2014 年明确提出战略转型，以"转观念、调结构、促转型"为明确目标，提出科技引领、项目推动、创新驱动的模式，明确了通过建设大数据管理平台，实现主要业务系统的流程一体化和自动化，实现数据的整合和实时获取，实现更好的风控和更快速的放贷流程战略构想。该行通过大数据的支撑，更大地发挥绩效考核的作用，保证业务发展方向正确；并且通过数据分析加强风险防控能力；甚至帮助管理人员实时通过智能手机等终端查看业务报表，优化现有产品和服务流程，大大提高生产效率和用户体验。在此战略构想获得高层领导首肯后，银行邀请北京明略数据对河北分行的大数据平台建设提供专业咨询。

客户信息技术业务痛点

由于该银行没有可控的、灵活好用的数据架构和平台，没有足够数据留存在河北分行本地，相应的报表分析能力弱，新业务的开展实施难，无法实现"行长直通车"（即行长通过监控实时报表系统，对银行日常业务进行全面及时的查询、管理、指导，为重大决策提供准确数据支持）的需求，同时由于缺乏分行一级数据平台，没有 360 度全方位客户信息综合分析，很难实现精准定制化营销和快速放贷；自动化的信贷流程和平台急需采用大数据新技术来实现；从中期看，对于移动端新业务的应用也迫在眉睫。

大数据业务咨询

明略数据在详细了解该客户的大数据业务需求后，其软件金融咨询团队在近 2 个月时间内，马不停蹄地走访了该客户分行所在的 8 个地市、15 个业务条线，面谈了一线的管理人员和业务专家，包括业务前台部门的储蓄、理财、保险、信用卡，以及各种资产业务，包括个人信贷业务、公司信贷业务、小企业贷款业务、消费贷款业务、中间业务、国际业务、授信、审计、风险管理以及后台的各个部门，收集整理了 167 个需求点，考察了 10 个系统与近 538 张相关报表，结合客户的业务发展现状、规划及其面临的挑战和机遇，做了全面、精细的分析。在系统了解客户的主要业务系统和相关数据信息后，为 IT 规划和架构以及大数据管理平台建设提供了以下全面的咨询服务：

    • 利用明略数据的创新产品——大数据管理平台，在综合考量该银行现有信息系统架构、缺陷、银行专项预算、内部 IT 数据人才和大数据业务需求等基础上，提出了建设可控和方便易用的大数据管理平台，创建 360 度客户综合视图应用以及连接综合绩效系统的规划设计和实施路线图的建议。

    • 构建了基于三农业务的大数据应用系统，并结合大数据管理平台的关联分析和挖掘能力，实现三农相关的授信和快速放贷应用。

    • 梳理分析了涉及该银行前端业务部门的储蓄、理财、卡业务以及各种资产业务、小企业贷款、中间业务、同业业务、授信、审计、风险管理以及后台的财务应用流程和所需的各种业务数据。

· 清理了分散在现有应用系统的客户及其相关数据，对其进行重组整合后，重新导入大数据管理平台进行集中管理。

· 设计并实施了大数据管理平台以及客户360度视图建设并顺利完成系统和用户测试。

· 快速研发了客户精准营销和绩效应用的连接功能，使得管理和运营层可以随时掌握销售状况并可根据相关的数据分析，更准确地设计对员工的激励机制。

大数据管理平台总体解决方案架构示意图如图6-1：

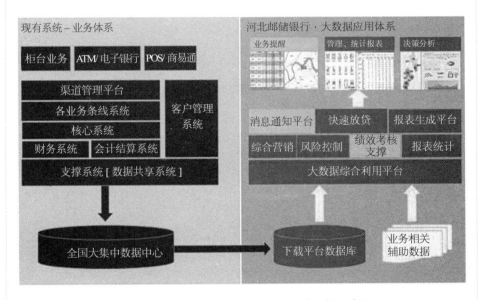

图6-1　大数据管理平台总体解决方案架构示意图

大数据管理平台实施成果

大数据管理平台产品的成功创建也给河北邮储银行带来重要的业务和认知变革。该咨询规划方案和最后实施成果得到了河北分行各级领导和业务专家的高度评价。主要表现在以下方面：

1. 从管理决策到业务执行层面，银行以大数据管理平台建设为契机，重新规划和明确了其 2015—2020 年的 IT 规划，并在以大数据支持其银行业务运营和扩张的战略必要性和重大意义等方面达成了广泛的共识。

2. 主要业务部门充分认识了大数据平台的建设对其业务流程整合与新业务创新的引领和驱动作用，并为配合新的业务流程和确保创新成功，实施了相应的人员培训和管理重组。

3. 银行首次通过该大数据管理平台的帮助，实现了自动化运营、综合有效的绩效管理，大大减少了不必要的人工作业，在降低人工成本的同时，提高了整体工作效率。

4. 由于大数据管理平台的综合整合能力，银行首次实现了主要业务系统的大数据整合，首次有了清理后的、统一的、完整的综合客户数据，为精准营销和客户的个性化服务提供基础平台。

5. 在大数据管理平台的支持下，主要业务数据的获取和对应报表生成的时间由原先的 3—10 天缩短到小时级并已经实现主要客户数据准实时（分钟级）获取。这些功能都极大地提高了银行的管理和决策能力，为及时应对市场变化提供了有力的技术保障。

案例点评

对于一个成立不到一年的初创企业而言，明略数据从创业之初就精确把握了其企业用户的具体商业和大数据需求。在成功设计营利模式和创业方向的同时，提供细分和精准的企业用户大数据咨询服务，如构建大数据平台，快速迭代研发大数据分析和可视化软件等系列受用户欢迎的产品，为企业业务迅速扩张打下了坚实的基础。

第七章　分析计算大数据

大数据分析及其常见方法

　　大数据分析是指收集、组织和分析大型数据集（"大数据"），发现其中可重复的、有商业和战略价值的模式和其他有用信息的过程。大数据分析不仅可以帮助我们了解包含在数据中的信息，更重要的是有助于确定与企业、政府业务和未来业务决策相关联的那些重要数据。以下是目前市场上流行的企业、政府常用的大数据分析手段。

关联规则分析法

关联规则分析法恐怕是目前大数据分析里运用最普遍的方法了。我们在当当、京东、淘宝、天猫等网站购物都有这种经历，当你选购了一本书或其他商品时，该网站会显示或提示你，买了此商品的顾客也购买或关注了类似的其他商品，从而猜你也可能会选择这件类似的商品。这个逻辑方法的背后就是通过发现大型数据库中数据变量之间的相关关系，来判断、连接顾客或产品用户的各种日常购物行为。这种方法最早源于美国沃尔玛一类的大型连锁超市，企业通过分析其销售点（POS）系统的数据，发现各种产品及其销售之间有趣的关联关系。

关联规则分析法可用在以下这些地方：

• 大型超市或电商网站，会把各种相关产品更好地放置在相互靠近或相关的栏目下以增加销量。如茶叶和咖啡都属饮料类，防雾霾相关产品含口罩和空气净化器等。

• 通过网站服务器每日记录与提取访问者的各种信息。如网站访问者经常点击的商品及种类，停留时间长短，实际购物的商品种类等，通过这些信息向该特定访问者或同类访问者推荐特定商品或发送营销信息。

• 分析各种关联数据以发现它们之间新的关系或新的模式。如确定一个常买牛奶和婴儿食品的访问者是否更容易买尿布等。

• 通过监控系统的日常记录来发现网站入侵者和各种针对网站的恶意行为。

回归分析法

回归分析法也属于传统的数据分析方法，它需要回答诸如你的年龄如何影响你买车类型的问题。简言之，回归分析法通过人为干涉一些自变量（如柔和的背景音乐），来判断这些自变量是如何影响一个应变量（即顾客在商店停留的时间）。它描述了当自变量变化时，应变量的值是如何发生变化的。它最适合运用在重量、速度、年龄这种持续的量化数据环境里。

回归分析可用于确定以下这几种类型的问题：

- 客户满意度会如何影响其对淘宝网的忠诚度。
- 楼盘大小、地理位置和学区好坏如何影响房子的售价。
- 婴儿奶粉负面新闻对消费者购买国产奶粉的信心和购物意愿的影响程度。

归类分析法

归类分析法是一种常见的、用以确定一个新近观察到的事物类别属性的方法。这种方法应用的准确性一般需要可靠的历史数据做保证。常见的例子如新浪财经频道 2014 年 11 月 15 日的报道，阿里巴巴数据分析师分析其内衣销售数据后发现，65% 购买 B 罩杯的女性属于低消费顾客，而 C 罩杯及以上的顾客大多属于中等消费或高消费买家，往往更可能"败家"，即其购物行为更倾向于花大钱买高端消费品。这种情况下，乳罩尺寸大小数据跟女性的相关购物行为数据通过统计分类就形成了归属的关系。

统计分类可以用来实现以下目标：

- 自动分配归类文件类别。
- 把单独的个体归类在与其兴趣、爱好、特长等相关的类别里。
- 通过学生选择网校课程学习的历史，了解特定学生的个人概况，并借此开发出有针对性（特定人群）的学习项目。

情感分析法

情感分析法是通过分析与用户或受众有关的各种喜怒哀乐等情感数据，来判断其对特定产品、服务的态度或关注度。诸如通过顾客如何看待阿里巴巴发起的"双十一"光棍节网购的退货政策来了解顾客对"双十一"的各家电商服务满意度这类问题。

情感分析法的实战运用如下：

- 通过分析顾客意见改善连锁酒店服务。
- 通过个性化的设计和服务措施，满足客户的真正需求。
- 通过分析社交媒体的意见，确定消费者的真实想法。

社交网分析法

通俗形象的说法这是按六度分割理论或小世界理论来推算你离某个人的关系有多远的一种方法。这种分析法最早在电信行业开始使用，然后迅速被社会学家用以研究人际关系，特别是在互联网时代，这种方法被广泛应用到分析社会生活各方面和商业活动中的各种人际关系或联系。社交网络内的节点代表每个个体，而各网络节点间的连线则代表了个体间的关系。

社交网络分析法往往被用在以下方面：

- 不同群体里的个人如何与外界个体产生联系。
- 寻找一个组织内的某个特定个人在其中的重要性或影响力。
- 找到能使两个目标个体直接连接的最小关联数量。
- 了解企业客户群的社会结构。

中国目前运用大数据的领先行业非电商、娱乐界莫属。其他传统行业如银行、保险、电信、能源等行业尚处探索阶段。无论政府机构、企业还是个人运用大数据分析手段是想发现各种数据间有意义的关联或分类，或进行物以类聚、人以群分的划分，还是优化资源配置，甚至是设定目标客户群的计费价格，如果能熟练掌握和运用上述传统和时尚的数据分析手段，可以使大数据更好地为其服务。

自然演化算法

自然演化算法是受进化论的演进方式启发而衍生出的一种数据分析法，即通过诸如遗传变异和自然选择逻辑来筛选历史数据，从而建立一种机制，来"进化、演进"基于数据分析的、有效的解决方案并使之达到最优化。比如电视台在管理各种电视节目时，通过收集到的市场反应数据，最终可以设计一个机制来决定在什么时候播出何种电视节目，才能最大限度地提高收视率。

自然演化算法目前主要用于以下环境：

• 医院急诊室根据以往处理病人的数据，来合理安排不同医生的急诊室值班时间表。

• 根据最佳选材、工程实践和美学设计的组合数据来研发特斯拉一类具有最佳机械性能、美学设计效果同时又属环保型的时尚节能汽车。

• 报纸杂志根据以往新闻或评论内容转换成的各种数据，由机器自动创造故事或编排评论内容。

机器学习

机器学习及其延伸的所谓"深度学习"是目前非常高端的大数据运用技术。它主要解决诸如计算机人工智能系统如何通过一个用户观看各种电影的历史记录，进而推断出这个用户最有可能感兴趣观看并在该计算机系统中储存的下一部电影。美国热门网络剧《纸牌屋》就是这么诞生的，而其网络多媒体生产商，Netflix 正在根据其千万用户的喜好，用同样的方式重新编辑由著名华裔导演李安执导的《卧虎藏龙》，将其改名为"卧虎藏龙：青冥宝剑"，准备在 2016 年再创世界电影票房奇迹。

机器学习包括研发可以从数据中学习人类行为的软件。这种软件让电脑具有不刻意或不明确地编程像人脑一样学习的能力。这种机器学习软件侧重于基于现有和历史数据的已知特征而对事物、个人、群体等观察对象行为进行预测。

机器学习可以用来帮助：

- 区分和过滤垃圾邮件。
- 了解用户的喜好并根据这些喜好信息提出各种增强用户忠诚度的建议。
- 确定吸引潜在客户的最佳方案和营销内容。

数据挖掘

提到大数据分析就必须包括数据挖掘技术。简言之，数据挖掘是通过分析大数据并从中找出其各种"模式"的一种信息技术，主要有数据准备、模式搜索和模式展示 3 个步骤。数据准备是指从相关的大数据源中搜索、挑选业务所需数据并整合成便于搜索的数据集；模式搜索是通过尝试各种方法将该数据集所含的、不断重复的模式及其可能规律找出来；模式展示是尽可能以用户可理解的、更容易为用户体验所接受的方式（如可视化）将找出的模式以一目了然的方式呈现给用户。数据挖掘常用方法包括"关联分析、聚类分析、分类分析、异常分析、特异群组分析和演变分析"等。

以市场营销为例，数据挖掘可以在以下领域大显身手：

销售预测

各个电商通过分析大量客户在"双十一"的购物行为数据，预测这些客户再次购买同类产品的可能性。还可通过这类分析来确定今后推销哪些可能受市场欢迎的产品组合，也可根据电商在市场上的客户数量及客户行为、竞争对手情况、货物投递和客服等来预测有多少人会真正从同一平台持续购物。在预测销售时，最好做三个现金流预测：现实的、乐观的和悲观的。这样如果销售不顺，商家手头上的现金就可以用来对付最坏的可能。

数据库营销

通过市场营销收集到的大数据在不断增加和变化。通过收集客户的购买模式、研究相关的人口统计数据和客户心理特质，加上所有有关销售、问卷调查、社交平台反馈和用户订购之类的数据信息都构成企业销售大数据库的一部分，基于此商业情报选择目标客户群，企业可以创新顾客喜欢的产品，并让产品自己销售自己。

商业规划

数据挖掘对当前市场上流行的O2O，即线上到线下或线下到线上业务也有很大帮助。对线下公司而言，如果一个企业希望通过增加网上商店以扩大实体店销售及用户规模，它可以在分析、挖掘现有商品货物需求历史记录和所收集到的客户消费行为数据的基础上（如哪些货物在哪个季节、时间段、哪些用户需求最多，大量的客户平常都采购哪些商品，商品的价格与利润信息等）来策划线上线下的整体商业布局，以满足已知客户和大量潜在客户的需求，赢得客户满意与忠诚度，进而获得企业线上线下同时成长。相反，一个线上公司可以通过数据挖掘技术，精确确定来自互联网上的商品供需和销售信息，进而决定自家商品的地域乃至全国库存战略和准确的仓库库存量。

信用卡市场

如果您的企业业务涉及发行信用卡，您可以通过收集信用卡使用的各种动态和历史数据识别客户群后，根据这些大数据及从中挖掘出的信息，开发各种用户服务项目提高用户满意度，增强用户忠诚度，提高转化潜在客户的成功率，提升新信用卡产品的成功率和设计适合目标人群的、灵活多样的价格。联合国就曾经成功利用大数据挖掘技术，在签发 VISA 信用卡时，先从其员工数据库入手，分析那些富裕的、频繁到海外出差或旅游的旅客数据，最后锁定 3 万多高收入家庭。其与信用卡合作的负责部门利用这些数据，把信用卡推销邮件直接发给这些员工，结果获得了 3% 的响应，即有 3% 收到推销邮件的员工签约和使用该信用卡。3% 虽然听起来不算什么，但按照美国一般大型金融机构 0.5% 的响应率标准而言，这个结果实际上已远远超过行业标准，也反映了数据挖掘方法的效率和可行性。

电话通信记录分析

如果您经营电信业务，就可以通过挖掘用户使用电信服务的各种数据，来判断其中是否有使用模式，继而从这些模式中建立用户档案，建立一个对应这些用户使用行为的、详尽的分层定价结构，以实现利润最大化。您还可以利用这种数据挖掘方法来举办针对性强的各种促销活动，以提高促销回报率。

中国移动某运营商有约 60 万客户，该企业在面临激烈竞争之际，提出要通过数据分析来改善和开发创新产品以打败竞争对手。该企业项目团队在收集和分析相关数据前做的第一件事是创建了一个索引，来囊括客户使用手机服务和产品的各种行为。这个索引进一步把这些行为聚类成以下 8 个环节：

- 每位用户平均每天、每月、每季度、每年使用手机服务的分钟数
- 本地通话时间的百分比
- 长途通话时间的百分比
- IP 通话时间的百分比
- 手机漫游百分比
- 空闲时段本地通话的百分比
- 空闲时段长途通话的百分比
- 空闲时段漫游通话的百分比

从这些不断变化的大数据入手，市场部针对每个环节，策划了从提高整体客户满意度，为某一个特定用户群提供高质量的短信服务，到设计特别折扣计划，鼓励另一特定用户群使用更多的全新产品和服务项目。

市场垂直细分客户

数据挖掘的最简单、最适用的用途是细分客户。从您拥有的数据入手，把您的客户市场分成诸如年龄、收入、职业和性别等有意义的不同类别。这种策略对电子邮件营销活动或搜索引擎优化有很大帮助。

细分客户也可以帮助了解竞争对手，即在这些细分的客户群里，有哪些企业在为他们提供产品或服务。大多数企业常常轻视或无法准确知道他们的竞争对手是谁，如果要进行有效的竞争，数据挖掘可以帮您做到这一点。

细分客户可以大大提高企业赢得用户的成功率，因为企业的促销活动会非常聚焦，且有针对性，企业可以通过了解每个细分领域里的竞争对手的产品和服务，定制个性化的产品并尽可能地满足用户的具体需求，而一个没有细分、通用的促销活动很难做到这点。

商品生产

做产品创新，数据挖掘也派得上用场。诀窍就是可以在了解细分市场需求的基础上，研发符合各细分需求、更个性化的产品。您甚至可以通过数据挖掘，预测哪些产品的功能是用户可能迫切需要的。而当您真正通过您的客户数据洞察到客户的潜在和现实需求时，您据此研发的创新产品被市场接受的可能性也越大。在数据挖掘的基础上，考虑以下要素也会增加创新产品的成功率：满足现实的需求，提供独一无二的功能，有创意的设计，潜在的巨大销售市场，可以进行跨年龄段销售，创意商品价格可以使人产生冲动购买欲和足够低的运营费用等。最具创新性的公司从来都不是从研发产品开始，相反，他们从数据挖掘中洞察到客户的迫切需求，然后研发一款可行的产品并以客户意想不到的一种方式满足这个需求。如果企业能做到这一点，90％的时候将会把竞争对手甩得远远的。

退货担保

数据挖掘还能让企业轻松预测有多少客户会真正兑现企业承诺的退货保证。这也是进行优质竞争的诀窍。例如，在企业向客户承诺退货之前，先对企业的净销售额（销售额减去利润）和承诺进行退货的历史数据进行分析，看看客户真正退货的比例，然后根据这些数据调整担保金额，以免大量退货造成企业亏本，又可以很现实地设定承诺的退货保证，以增强企业长远竞争力。

运用大数据分析及可视化做创新

基于大数据的分析运用，从对数据的认知、内容、技术到产品服务都是传统数据分析的大幅度延伸扩展甚至颠覆。政府机构、企业和个人都可以从自己的核心业务和感兴趣的角度出发，通过确认相关大数据，创造一个基于大数据分析的全新公共服务项目来解决社会焦点和国家地方利益问题，或找到合适的分析工具或创新一款分析产品来实现创新。这类创新目前在市场上的应用比较广，其成功的关键在于对企业而言，首先，要弄清客户是需要你提供的数据分析结果还是需要一款分析软件，他们自己去做数据分析。这个需求决定了你的业务创新方向；其次，如何获得分析所需的大数据（如果做软件，还需严格内部系统测试）。这两个考量解决后，就是选用何种分析工具或设计何种软件。

说到大数据分析，就一定要提及时下流行的云计算。虽然云计算的概念和实践从 20 世纪 50 年代大型机时代就已使用，到了千禧年后，这种应用就随着电信业和电子商务的普及而快速发展。2010 年后，大数据需求及其技术的发展更是与云存储、云计算相互促进，业务获得爆发式增长。在当下，依靠云计算，传统的很多数据分析工作在高效和稳定性方面有了一日千里的提升。

作为云存储供应商，提供云计算服务是一个自然的延伸。而云计算的一个重点就是把复杂的大数据算法植入互联网中，从而为用户使用包括智能手机在内的任何通信、娱乐、社交、计算设备，提供随时随地的数据可视化服务。我把云计算和专门的大数据分析分开，主要是因为云计算目前虽是进行大数据运算的一种重要方式，但还是不能替代其他流行的大数据运算方式。

上一章提到的大数据可视化，是实现数据价值产品化和服务可感知化最关键的一环。大数据可视化以其背后极其复杂的大数据计算和逻辑关联为基础。可以形象地说，大数据算法是"里"，可视化为"表"。这一表一里的有机结合构成了我们今天和未来使用的各种大数据虚拟和现实产品，如企业级别的各种报表、淘宝网、自动驾驶汽车、虚拟现实的游戏设备等。说到底就是把来自不同数据源的数据经过转换、整合、分析、逻辑关联、数学计算等一系列处理和加工过程，最后通过一个人机互动界面把这些过程中产生的数据价值、结果格式等以图表、动画、几何图像、色彩以及其他用户熟悉或不熟悉的方式展现出来。用户也可以根据自己所需的大数据及其业务需求，通过这个界面，运用置于后台的各种逻辑关联计算能力，创建、设计、调整并实现大数据的可视化。无论您仅仅是需要数据分析计算结果还是需要一款分析软件，最终都必须将其结果以用户看得见、容易懂、可操作、互动性强的方式提供给用户。作为大数据分析计算的结晶，可视化也是传统数据库报表、商务智能产品的延伸，其具体创新的方向往往以基于实时大数据的高智能、强大、精准的商务和政务报表，令人一目了然的趋势分析和预测产品，网络和设备监控、预警仪表盘产品，可详细监控和演示健康、运动、安全等指标的可穿戴设备产品等形式展现出来。

对政府机构来说，运用大数据分析方法或软件对现有业务进行新的诠释，发现新的服务价值，以百闻不如一"见"的方式展现给社会公众，进而创造新型政务项目（付费或免费），再通过内部使用评估和公共舆情调查，不断改进和完善服务，也可成功造就显著的政务创新。

总之，大数据整个生命周期的各个阶段和组成部分，既可单独用作一个创新方向，也可以将几个阶段混搭起来做创新。以电磁场为例，自从人类认识、了解电磁场的本质和作用后，在此基础上创新出的影响人类生活的各种产品数不胜数。大数据就像这个电磁场，它为世人提供的巨大的潜在创新前景不可估量。

■■■ **案例** ■■■

Carfax 之大数据分析篇

> Carfax 在面对自己拥有和管理的海量二手车数据时，如何分析并找出其中的特殊价值？

　　数据分析是从结构化、半结构化和非结构化的海量数据里寻找其商业价值和产生洞见力的一种手段，也是形成大数据产品之前的最关键一步。各种基于不同业务目的所做的分析和结果往往会影响和决定产品的方向。笔者当年所在的产品研发团队主要日常任务就是根据客户和企业的战略规划需求，通过数据分析和计算方法，去验证来自管理层、市场部和营销部门的一个个假设，发现藏在这些数据背后的模式、数据链关系图、未知的数据关联性等。我们起初所有的分析都围绕一部车的历史细节，属于"向后看"式分析。后来，慢慢开始通过数据的历史沉淀，在找到相关二手车可靠性和安全性数据后，结合政府的汽车碰撞试验数据，形成了对某些车型及其系列的"安全可靠性"分析，开始朝"向前看"的预测式方向靠近，从而使买主在购买二手车时，可以在参考某类车的历史和其他综合指标后，对其未来几年的使用做最靠谱的判断，从而做出最明智的购车选择。笔者团队随后进行的产品创新也就朝这些方向去努力。比如笔者为 Carfax 核心产品"车史报告"研发所进行的业务和数据分析，为市场营销产品"汽车厂商保修余额计算器""汽车召回免费查询功能"等所做的数据分析等。

更有效的市场营销

　　由于采用线上和线下两种不同的市场营销方式，Carfax 的产品研发和数据分析团队结合线上和线下数据的不同分析结果，为其营销活动提供精准的决策和投资依据。线上数据主要是从 B2C（Business-to-Customer，商家对客户）和 B2B（Business-to-Business，企业对企业）两个分开的电子商务平台上采集到的、针对普通用户（个人买卖车用户）和企业用户（二手车经销商）的各类数据。通过嵌入公司网络里的数据分析工具，关于普通用户，我们可以轻易看到用户经常查看的车型、在网站上停留的时间、经常搜索的关键词、特别关注的二手车广告及其点击率、访问最多的车史报告、用户在车史报告的哪部分停留时间最长、看了哪类车史报告后用户会点击经销商的广告、用户使用 Carfax 产品的评价和反馈等。对于企业用户，我们可以看到其最感兴趣和访问最多的 Carfax 线上产品、二手车车史报告和每部分停留时间、客户反馈信息等。

线下数据主要是常驻各地的 Carfax 销售代表从当地二手车经销商那里通过客户访谈、市场调查、竞争对手研究等渠道获得的产品反馈和业务期望等。团队通过运用回归分析、归类分析、社交网络分析等方法在结合线上线下不同数据分析测试结果之后，建议 Carfax 改动网站的关键词组合、对车史报告进行微调和增加新产品等促销手段。这些对增强企业的市场营销成果起到了极大的促进作用。

增加企业客户新的销售机会

对于汽车经销商而言，其最关心的就是两个问题：第一，你的产品如何能让我在避免损失的同时提高利润，即我在从二手车主那里收购车辆时，如何能通过你的车史报告，尽可能地减少购买严重问题车、杜绝被盗车、扩大收购状态良好二手车的概率？第二，你的产品如何能让我以最快速度卖出最多的二手车？回答这些问题取决于 Carfax 产品的质量及其可靠性，发现如何通过数据分析帮助汽车经销商"多快好省"地卖出二手车。Carfax 团队通过数据关联分析，发现把无车祸（或轻微车祸）、保养状态良好的二手车史报告与其相应的二手车促销广告放在一起，会大大影响和刺激购车意愿，也与其销售利润成正相关。他们为其企业客户提供了相应的建议，结果大大促进了销售额，提升了客户满意度。

市场竞争力

Carfax 的数据分析师和产品团队成员往往混杂在一起，他们根据具体业务需求与市场、销售、运营部门紧密合作，这些都使得以业务变化为导向的数据分析更接近市场需求。对于同一部车不同的车史产品供应商而言，谁拥有的数据越多越全，数据分析结果越详细，谁就拥有绝对的竞争优势。在大数据产品的竞争市场里，价格战的策略派不上太大用场，毕竟一个车史报告上显示有车祸而其他竞争对手的报告上显示没有，是一种质的区别，也是竞争力的表现。用户不会为了省钱，冒险去买数据不全的产品。这些数据对买卖双方的购买意愿和行为都会产生极大的影响。Carfax 在数据采购和分析挖掘这些方面舍得投资，也采用了当时最流行混搭的各种数据分析工具，如统计软件 SAS、Oracle 数据库、JAVA、BI（商业智能）和报表软件 Cognos、微策略等及后来采用的 ParAcce 平台。

笔者 2002 年进入 Carfax 数据研发团队时，其核心产品"车史报告"上还没有汽车保修记录这项内容。虽然企业高层早就想把这些内容加进去，但由于大部分保修记录属于半规则性数据，市场上没有一家企业能顺利处理这类数据（也就是今天意义上的大数据）。当时公司只是知道这种数据非常重要，花了大价钱购买上亿条这类数据存起来，闲置但又占存储空间。领导分配给笔者的数据分析任务之一是从分析和提取关键字符串并挖掘其价值开始。由于这类数据里混杂了太多杂乱无章无法利用的记录，要把有规则的数据从中提取出来是关键的一步。

当时 Carfax 买来的这些半规则数据有几千万条，领导要求三个月内完成从数据分析到提取有价值数据，到完成初步分析报告的全过程。笔者跟研发团队其他成员经过仔细讨论和辩论，决定先去掉与此项目业务要求不相关的数据。我用数据库编程和统计软件把各种跟车辆识别码、汽车保修记录与日期相关的关键名词／组及其描述、相关的动词等提取出来，如"润滑""机油""泵""发动机""变速器""点火""空气囊""安全制动""制动器""转向""活塞连杆""燃油""转换""装""卸""拆"等，然后把它们相关的整句提取出来。这个过程结束后，就只剩 1 000 多万条与汽车保修直接相关的有用数据了。笔者和其他团队成员合作，再将这些数据与其他车史数据整合，得出在某段时间内每部车的大致保修历史。三个月后，笔者代表创新团队把一个基于这种分析得出的、还相当粗糙但具有崭新内容的车史模拟报告演示给 CIO 和 CEO，看到他们兴奋的反应，笔者知道我们为新产品所做的数据分析方向对了。

▰▰ 案例 ▰▰
九次方力量下的大数据

公司简介

九次方大数据是目前中国领先的企业大数据服务平台，创建于 2010 年。其企业大数据平台拥有全国 900 万家公司的数据、2 000 多项数据指标和 10 000 多个数据模型。九次方大数据解决方案为包括商业银行、政府征信、互联网金融、P2P（Peer-to-peer 或 person-to-person，个人对个人）公司、小额信贷、担保、基金、证券等众多领域的客户所采用。公司拥有大数据挖掘技术、数据清理、企业数据采集、金融数据建模、数据标准顶层设计、可视化技术等方面的大数据产业链人才。

客户业务需求

在长期与金融客户打交道的过程中，创始人王叁寿发现一个业界普遍存在的现象，即银行因为缺乏对其运营和市场数据实时收集和处理的能力，往往无法准确提前判断和及时有效干预、应对各种突发事件。如传统银行业务由于无法及时掌握其客户企业的各种征信风险数据，对企业贷款申请处理往往是凭经验，按老规矩办事，费时费事。市场上的企业数据在 2010 年前完全处于割据状态，银行很难知道其关联客户企业的实时运营状态，无法对负债和问题客户企业进行实时监控。而等到客户出现各种无预警的业务状况时，银行又不知道客户的问题实质和规模，从而手忙脚乱，无法在最短时间内把损失降至最低，有时风险控制失效，导致坏账增加。由于大多数银行凭其垄断地位，不需任何创新就可以轻松赚钱，所以对如何利用互联网技术的发展成果来发掘自身拥有

的海量金融数据及其价值没有太大兴趣。同时，市场上也没有一家企业专注于收集银行需求、融资需求、上市需求等这类数据。建立一个能从合法渠道收集到众多金融企业数据并集中存储和管理的数据库，并在此基础上为此行业提供相关的数据分析服务就是九次方大数据创始人王叁寿的初衷。

大数据收集与清理

由于对金融行业的痛点和突破趋势有准确细致的了解和把握，九次方结识了大批业界客户。它们利用这些优势，通过跟各地政府合作，获得依法授权的相关数据，如产业规划和经济运行指标、分散孤立的企业信用数据等。在互联网线上，它们通过大数据挖掘技术，把网络上关于目标公司所有公开的信息，包括微博、博客、贴吧、图片、新闻等汇集起来。而在互联网线下，分布在全国 20 多个城市的团队，点对点、面对面地拜访企业，汇集当地企业信息，包括银行需求、融资需求、上市需求等数据。对所有这些收集到的数据再进行分类整合与清理就呈现出具体企业的整体形象和信用状况。九次方由于拥有了全行业的代表性数据，更容易牵头制定业界大数据管理规则，更容易成为行业标杆。

大数据技术运用

在收集了详尽的业界大数据后，九次方采用了以下主要技术来分析和研发大数据产品：数据采集与挖掘、云计算、数据清理及语义分析、数据存储管理、Hadoop 技术及其运用、数据建模及可视化技术、数据安全保障和灾难备份等。在不断迭代开发的基础上，形成各种数字产品并根据北京银行等客户反馈，持续对产品雏形进行必要调整，最终获得众多客户的认可。

大数据建模与平台构建

从 2011 年开始，九次方数据库中收集到 200 多万家企业的各种相关数据，经过 3 年多的沉淀，到 2014 年底就突破了 900 万家。在通过其独特的数据分析、整理和建模后，九次方构筑了 6 个主要大数据分析平台：

• 全产业链企业平台（含 40 个产业链、8 000 多个行业、4 万多个细分市场的 900 万家企业，每一家企业都有 200 多个指标交叉分析）。

• 产业链金融服务平台（用以协助商业银行、小额信贷公司全面推动产业链金融的三大创新体系：联动批量开发全产业链信贷客户、建立产业链风险控制体系、产业链一体化金融服务）。

• 金融互联网大数据直销平台（以企业大数据为基石，汇集所有银行的理财产品、阳光私募、信托产品、私募基金、公募基金、保险产品、债券产品、众筹项目等相关数据，系统协助商业银行实现 B2B 直销服务、贷款自动撮合交易）。

• 企业征信大数据服务平台（致力于打造中国最权威、专业、中立的企业大数据征信平台）。

• 企业决策、投资、并购大数据平台（用以协助风险投资 / 私募股权投资、基金、证券投行、上市公司、企业、外资公司等进行企业战略、投资及并购决策分析）。

• 政府机构与企业征信大数据平台、产业规划、经济运行分析大数据终端（运用大数据作为智慧城市、科技、金融的发展平台，提高政府的企业精细化管理能力、辅助产业链规划。优化城市招商引资系统，增强政府对拟上市企业监测和金融风险预警能力）。

创新成果

到 2014 年，九次方已实现赢利并获得包括 IDG（美国国际数据集团）资本在内的 2 亿元 B 轮融资，其收益的 60% 来自 40 多家商业银行、几十家投资证券公司，30% 来自数个省市区政府，其余 10% 来自

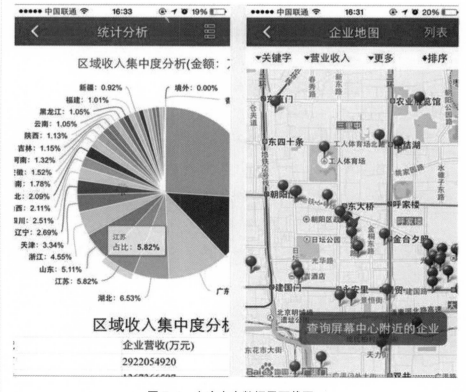

图 7-1　九次方大数据界面截图

小贷公司等。其金融互联网数据平台用户目前涵盖了很多中小型创新性银行，如杭州银行、北京银行、贵阳农商银行等。只要银行的企业客户在网上的日常运营有蛛丝马迹的异常，九次方通过该大数据平台和挖掘技术就可迅速获知相关信息细节和可能的影响，并将大数据可视化结果呈现给银行。与此同时，银行用户每年只需缴纳一定服务费用，就能在此平台上申请查询进度，银行在收到申请后，可即时从该平台后面的数据库获得该企业各种征信信息，并在几分钟内向企业反馈其贷款是否获批，从而大幅度提高了传统金融产品交易效率。该平台还可以帮助银行进行风险控制和精准营销。九次方在 2014 年和腾讯签署了大数据战略合作协议，双方将在中国共同推动中国企业征信及风险预警大数据平台（黑匣子）的开发，以协助中国的银行、小贷公司、担保公司、互联网金融公司共享同一个大数据平台。

在推动产业链社交方面，九次方也走在了业界前面。由于其拥有几乎是全产业链的数据，900 万家企业中，谁是谁的上游供应链，谁是谁的下游用户，谁是谁的竞争对手，谁是谁的合作伙伴，通过其独特的可视化地图便可一目了然。通过这种产业社交，可以帮助企业看清它在市场生态圈中的位置，为今后战略竞争与合作布局打好基础。

"聚信"是九次方正在开发的一款产业链智能手机社交应用程序。它的交互方式与微信类似，但由于 900 万家企业的数据及其关联关系已全部导入，每家企业只要使用这个程序，"聚信"就会立刻告知它的潜在客户、上游供应商和潜在的关联企业。

案例点评

在业界普遍担心 BAT（百度、阿里巴巴和腾讯三大互联网公司）会垄断大数据从数据收集、分析、管理、可视化到平台构建的全部市场运用之时，九次方的成功案例说明这种担心是多余的。它更像是美国传统数据经纪商的一次华丽转身。如果把大数据市场看作竞争的海洋，BAT 等应用大数据的大型商业企业应该属于其中的红海，而蓝海市场里是各种大数据初创企业初试锋芒。九次方则可能成为其中"紫海"里的佼佼者，携完备的金融大数据及其独特的跨行业大数据平台，游刃有余于红海与蓝海之间，以创新征服各种企业和政府机构客户。

第八章　大数据企业产品创新

利用大数据技术做企业产品创新有多种途径，主要是根据市场和客户的具体需求，结合企业自身的发展战略和资源，充分利用大数据生命周期各阶段的技术，单独或混合使用，研发出相关产品。有的企业所有产品创新组合全部聚焦于大数据，有的企业则在其现有产品组合的基础上，单独研发专门针对大数据的系列产品。这些产品多以软件、硬件、软硬件混搭几种组合形式出现。

在美国，世界大数据商业应用引路人大卫·芬雷布（Dave Feinleib）2012年6月19日发表于《福布斯》杂志的《大数据云图》（*The Big Data Landscape*）一文，运用以下插图（见图8–1），生动刻画了美国的大数据企业全景图，涵盖了从最底层的基础设施、中层的数据分析和运营架构、大数据平台、数据库，到最顶层的各种数据分析、商务智能、广告媒体、可视化、运用等，一目了然地展现了当今世界大数据的市场生态圈和创新方向。虽然到2015年，这个全景图增添了新的企业，生态发生了一些变化，但整体状况依旧如故。

而在中国，除了在相对应的中层有个别企业外，几乎所有的著名大数据企业，其产品和服务创新都集中在最顶层。仅从这个层面上来说，国内大数据发展水平与美国差距也就一到两年。由于国情，有些地方的创新应用还领先于美国。

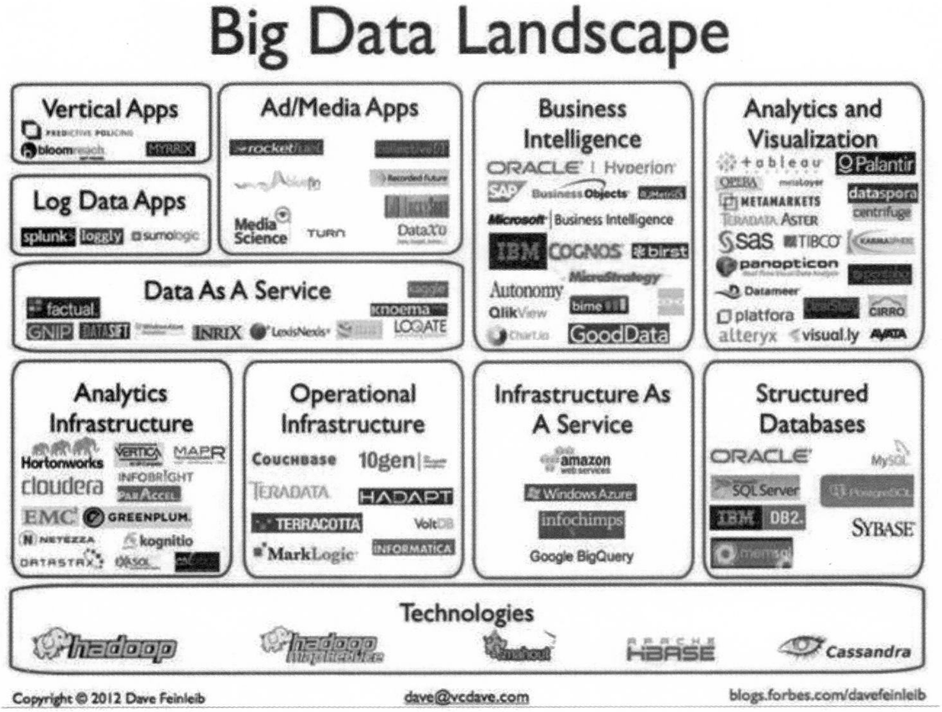

图 8-1　大数据云图

源自大卫·芬雷布,《福布斯》杂志

大数据硬件产品创新

目前市场上的主流硬件产品主要集中在大数据的收集、网络通信、存储、计算设备、可视化、可感知化器件及其延伸应用方面。主要商家和供应商多为欧美知名跨国企业,包括 IBM、惠普、戴尔、思科、日立、Fusion-io、NetApp、英特尔、EMC、DDN、Juniper、Talend、Teradata 等。根据 Wikibon2013 年统计,全球大数据软件、硬件和服务销售总额达 186 亿美元,其中硬件销售额占 38%,超过软件的 22%,低于服务的 40%。中国的大数据硬件主要供应商则是华为、中兴和联想，其目前主要角色是跟随者，大数据硬件产品市场占有率不高。

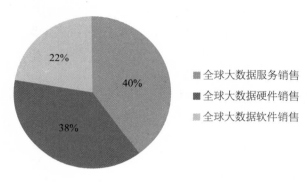

22%

40%

38%

■ 全球大数据服务销售
■ 全球大数据硬件销售
■ 全球大数据软件销售

图 8-2　大数据销售比例

客观分析来说，由于中国的制造业优势，长期以来，硬件相比软件产品在全球市场上处于优势。通常所说的"中国制造"主要是指制造业产品（包括硬件）。要充分利用大数据的全球市场需求做硬件产品创新，中国未来除了要继续发挥这些领军企业在国际、国内市场的持续创新领导力外，政府机构、企业和创业家创新努力的方向应聚焦在以下三个方面：

第一，在国家战略层面上，相关政府部门应在详细调研全球大数据细分需求市场的基础上，从宏观和微观两个方面制定详尽的、有针对性的指导政策，从而形成一套既兼顾国际市场又深耕国内市场的、可操作的激励机制。全球布局方面，鼓励领军企业在紧跟西方大数据硬件产品演进的同时，通过渐进式和颠覆性创新，改进特定的目标组合产品性能以及创造替代产品，与国际巨头在中低端市场进行高效率、高质量的竞争。国内市场方面，激励感兴趣、有条件的企业进入大数据基础设备制造高、中、低端市场，通过了解用户的具体需求，研发大数据系列组合创新产品，充分保护相关的知识产权，并给予各种优惠政策，扶植这些企业快速成长。

第二，大数据硬件产品往往需要巨大的投资，如何使有限的政府和企业投资获得最大的创新回报？对国内企业而言，大数据市场还在开发阶段，对硬件的各种需求参差不齐，虽然跨国企业和国内领军企业拥有品牌效应，但有条件的其他企业甚至创业家如果能掌握详细的用户现实和潜在需求，充分利用和整合各种新兴的信息技术（如前所述的 NAS，闪存 Flash 卡等），研发替代新技术，有针对性地研发拥有自主知识产权的、个案化的、高速、高容量、高效率的服务器，大中型计算设备，高容量的大、中、小型智能记忆器和存储器，宽带网络系统和硬盘、智能磁盘等系列组合产品，在市场反馈的基础上，通过组合产品改进性能，扩充功能等努力，成功实现高效创新及获得收益回报的概率就会大大提高。

第三，众所周知，智能可穿戴设备创新是当前及未来硬件延伸的发展趋势。中国企业除了紧跟世界潮流做渐进式产品创新外，还可以充分整合大数据技术，在某些应用领域里，引领世界大数据智能硬件创新。如研发医疗微传感器，通过人体每时每刻的监测数据（心跳速度、起搏频率、体温变化、体表各部位血液循环情况、神经反应等），建立基于大数据的个体健康模块。与正常健康模块相比，一旦监测数据出现异常，智能可穿戴设备立刻报警，甚至提醒病人吃药等。还可以运用传统的经络理论和实践，创新出基于人体健康指标大数据的、经络传感和微电刺激可穿戴设备（美国人早已发明了微电针刺探头以取代令人望而生畏的传统针灸），一旦数据分析结果表明监测指标反映出由于工作压力、精神紧张等原因，造成监测对象的身体出现疼痛等症状，该设备就进行实时干预。又比如，可以创造出可穿戴智能环境感应器，通过对个人周遭环境进行扫描，获取实时变化的人身安全大数据，并及时提醒主人等。这些大数据智能硬件设备目前在美国也尚未出现，中国有胆识的企业完全可以拓宽思路，在这个领域里通过创新大显身手。

大数据软件产品创新

性能再好的硬件，如果没有合适的软件配合，也无法发挥其最好的功能。大数据硬件也不例外。软件创新的核心是服务意识，即在详细了解用户每个细微需求和评估企业现有人力资源、技术长短处的基础上，利用程序语言和开发工具及环境，创造方便用户体验、促其达成最大业务价值的应用程序和平台。

西方跨国软件巨头目前垄断了世界大数据市场软件的搜索、收集整合、存储管理、数据分析、数据平台、数据安全等领域。主要软件企业有大家熟悉的 SAP、Teradata（这家企业软硬件通吃）、甲骨文（现在也是软硬件两手抓）、SAS、Pivotal、Splunk、微软、微策略、Actian、Red Hat、Informatica、通用电器（传统企业搭大数据顺风车）、MongoDB、MarkLogic、VMWare、Syncsort、Hortonworks、Alteryx、DataStax、Cloudra 等。软件相对硬件由于开发的投资小、产品研发周期短、资深人才多等特点，吸引了大量中小型企业加入竞争混战，目前是相对容易上手、创新的领域。竞争对手林立，分析其中最有潜力、发展最快的初创企业的成功策略，对中国企业大数据软件产品创新将会有极大的启发。

• Neo Technology 新技术软件主要研发开放代码源图形数据库 Neo4j，这种技术之美在于可以通过大数据分析提供真实的、全新的、容易为用户所接受的图形解决方案。由于这种尝试会直接影响大数据可视化的未来走向，图形数据技术领域目前尚无太多竞争对手，这家企业抓住了这个切入点做创新，很快就受到市场青睐。

• Splunk 由于拥有出色的大数据技术，于 2012 年作为为数不多的几家大数据公司成功上市。这家软件企业的大数据解决方案旗舰产品被称为"猛男"，深受市场追捧。这款产品可迅速处理数据中心服务器、网站和数据系统通信问题以及大型计算机数据。不懂技术的终端业务用户还可以通过人机互动界面，更好地了解电商流量情况、搜索结果、商业广告效应和其他数据背后的业务信息。

• MemSQL 专攻内存关系数据库，与 SAP 的同类产品 Hana 数据库相比，这家企业的产品价廉物美，且可以为客户提供更灵活的解决方案。

• Pivotal 在设计其软件产品时，一开始就瞄准了与大数据息息相关的云计算、移动互联网、社交媒体等方向，试图通过数据分析技术对瞬息万变的大数据进行解析，为现实世界万花筒般的现象背后的复杂关联关系提供可操作的洞见。这就是为什么 GE 是其主要投资者。

• Teradata 在大数据软件业算老兵了。跟甲骨文、IBM 和微软这类无所不包的软件巨人相比，这家企业专注数据仓库和联合大数据架构，正是这种聚焦使得这家大数据企业在上述软件巨人的丛林中脱颖而出。

美国中小型大数据软件企业通过精耕细作，开发个案化、行业性、跨平台软件与诸如甲骨文、微软一类的老牌企业抢夺大数据市场的经验也可以用在中国。从 2012 年起，除了 BAT 外，后起之秀如九次方大数据、明略数据、大数据魔镜、Talkingdata、星环科技、星图数据等大数据企业也在市场中找到了自己的位置。中国巨大的市场需求也像太平洋一样，容得下更多有志于投身大数据市场的相关企业。依靠大数据巨大的需求市场，根据细分市场的具体需求，初创企业亦可以研发有针对性的、独具特色的、性价比高的软件创新产品，与跨国巨头和国内软件领军企业一起逐鹿大数据市场。

大数据虚拟现实产品创新

一般理解，大数据最终只有通过可视化，才能变成被广大终端用户所认可的"眼见为实"的具体产品和体验，这也是大数据可视化所强调的方向。然而2012年以来的实践表明，除了可视化，人类的听、说、嗅、触也是未来大数据可以运用的领域，即所谓的"虚拟现实"技术，我称之为"大数据可感知化"方向。如犯罪嫌疑人虽然可以蒙面只露出眼睛，但警方通过对收集到的相关人士大量音频信息（口音、声波图形数据变化分析等）、脸部轮廓、口型特征、数据库中监视的各类恐怖嫌疑人历史数据等进行比较，便可以对此人进行身份识别。美国情报部门就是通过这种手段，将有浓郁伦敦南部口音的、斩首美国人质的蒙面人辨认出来。嗅觉的应用也非常广泛。如可以通过对自然和人工合成化学元素组合的海量反应数据进行实时记录，并与关联算法模式匹配，开发出特定的、可以用电子鼻（传感器）探测到爆炸物残留微量元素的灵敏报警器。触觉的应用可反映在智能穿戴、多媒体娱乐等领域，如谷歌眼镜，微软公司正在研发的基于全息技术的娱乐产品就是其中的代表。游戏者可以通过戴在头上的多媒体装置，扫描、感应周围环境等，获得各种实时数据，再配以储存在穿戴设备中的各种模式数据，创造出和周围真实环境相配合的、加上虚拟场景的各种娱乐活动来。理论上来讲，当你怀念故去的亲人时，这种所谓的"虚拟现实"大数据技术也可以把他们"展现"在你面前跟你做某种形式的互动。

如何做高效大数据产品创新

像其他创新一样，大数据产品创新也遵循一些基本方法和规律，可以像金融投资一样做出高效率创新，并实现投资收益最大化。

选择大数据产品组合

在企业决定是否进入大数据这个领域前，应该考虑几个问题。首先，企业是否有做大数据业务的迫切需求，即不做大数据项目是否会在几年内对企业未来的主业务产生重要影响，如果答案是否定的，那么这个企业还不到启动大数据项目的时候。如果答案是肯定的，也就是说大数据项目对企业未来几年的战略发展方向有重大影响，那么这是决定企业做大数据产品的根本前提。如果企业确定了要用大数据做产品创新，那就要开始考虑一系列的其他问题，包括大数据与现有业务的关系（即大数据是现有业务的延伸和挖掘，还是大数据本身就是现有业务，大数据与现有传统数据库、数据工场的关系等），如何获得所需大数据，研发何种大数据产品（如硬件设备、软件或解决方案）等。最后，企业根据研发大数据产品所需财政预算和其他资源，确定相关的目标大数据产品组合。

创新团队成员

研发大数据产品，最核心的就是拥有相关知识和技能的人才。如前所述，这些人才在全世界范围内都属于供不应求的状态。像其他任何产品创新一样，企业在设计大数据产品时，一定要把创新团队的成员构成作为必需资源考虑在内。设计何种产品与企业拥有何种大数据人才是相辅相成的。一方面，有何种人才做何种产品，如果企业创始人主要从事数据分析、算法研发，则开发"大数据分析"产品就是强项。如果企业创始人以前拥有可视化产品开发经验，则企业的新产品很可能就与此有关。

另一方面，企业如果计划研发特定大数据产品，就要招聘拥有相关技能的大数据人才。人才确定后，这个团队应得到负责企业战略规划高管的直接支持。相关人才同时应包括市场部或业务部人士、数据工程师（或现在流行的术语："数据科学家"）、程序开发师、架构师、项目经理和系统测试员在内的跨部门人才。

监管创新组合项目

在大数据产品研发阶段，项目组负责人及团队成员应该遵循企业关于项目管理的通用程序，确保产品的创新对内遵循企业的数据、网络、业务保密、客户隐私保护等规章制度，不会对现有正常运作业务产生负面影响（特殊情况除外）；对外遵守国家的相关法律法规和行业规则，避免忽视法律法规造成创新产品上市后被政府叫停。

创新风险控制

创新就意味着有风险，大数据创新也不例外。风险控制对内意味着在产品研发的整个生命周期中，创新团队对各种已经出现和预计出现的风险及时做出响应并制定相应的对策，并把这种准备应用到日常工作中。内部风险有很多，包括团队主要成员变动、企业运营方向变化、研发技术困难导致产品上市延迟、功能达不到预期效果、内部测试不过关、违反企业数据管理条例等。外部风险主要来自市场变化对产品需求的影响、竞争对手的替代产品和竞争策略、来自客户方的不确定因素等。对付风险一般有 3 个对策，分别为接受风险并把可能的损失降至最低、根据风险的可能损害后果调整产品功能和完全避免风险，即转变产品研发方向。管理风险不仅是项目负责人的事，也是全体创新团队的事，因为如果风险不可控，最后甚至会导致整个项目失败。最佳实践就是要求每个创新团队成员在日常研发中，建立一套风险预警、控制机制，及时相互通报风险和解决因风险带来的问题，弥补风险带来的损失。

测量创新质量

无论你的大数据产品是一款软件、一个平台、一个硬件设备或一台软硬件整合设备，测试团队在大数据产品整个研发生命周期不同阶段，对产品各种性能的持续测量，可以保证最终的产品质量符合设计要求与客户期望，也是保证创新可以获得成功的必要手段。

实现创新价值收益最大化

如何使大数据产品推向市场后获得最大的投资回报？第一，设计可用于跨行业、部门及企业政府通用的系列产品组合（如数据分析软件、监测软件、可视化软件、储存设备、计算设备、监测设备、感应传输设备、终端演示设备等）。第二，设计中高端用户通用的软硬件整合产品。第三，设计大数据平台，对单一行业所有用户或跨行业用户开放。第四，研发云计算和云存储产品，面向所有潜在用户。这些做法的核心在于利用有限资源研发通用产品，继而再根据客户具体需求进行个案化处理，这样可以把投资有限的创新潜力发挥到极致，以最小投资获得最大收益。其他方法包括专门设计研发针对大型竞争对手的补充产品（这样等你的产品开始受市场关注时，对方还可能花大价钱买下你的产品），专门研发针对特定行业的产品以获得该行业多数企业的垄断市场份额等。

需要说明的是，现在有种担忧认为 BAT 如此强大，将会垄断互联网电子商务和大数据市场。根据成熟市场经济的运行规则和反垄断法，中国跟美国比，市场如此巨大，互联网用户如此之多，需求如此细分和复杂，这种对垄断的担忧其实是过虑了。任何企业甚至个人，只要精确把握了细分市场的需求和用户痛点，掌握了大数据的独特核心技术，完全可以创造出全新的市场和产品。

▪️▮▮　**案例**　▮▮▪️

Carfax 之大数据产品研发篇

在对其拥有的大数据做了详尽分析的基础上，经过对各种数据计算、关联和报告的包装，Carfax 创造出独特的数据产品组合。

一个企业或个人，如果能洞察市场、企业和个人用户需求，对所拥有和管理的业务大数据进行详细的数据分析和价值挖掘，再配以可视化努力，其结果就可能形成数字产品的雏形。这些产品有的是核心产品，可以直接给企业带来收益；有些为了吸引更多用户，完全是免费性质；有些是与企业客户联合开发，利润分成。无论哪种情况，数据产品开发最重要的特点是初始投资相对较少，需要拥有非常专业的技能和一定商业知识的人才资源，产品开发和测试周期相对较短。创新团队可根据客户需求，从最简单的概念设计入手，在赢得客户对其设计产品基本功能后，快速迭代研发调整产品性能，形成特色产品组合，最终做到投资回报率最大化。

虽然大数据工具在日新月异地变化，但是驾驭数据分析和算法逻辑的能力是形成这类产品的关键。Carfax 的几大核心产品中，"热卖二手车"是市场部与数据分析团队合作的一个经典。传统来说，汽车经销商只是付年费给 Carfax 以便使用其车史报告。为了留住客户，市场部总是在绞尽脑汁地想各种创意，为客户创造更多的价值。在设计新产品时，市场部提出，针对经销商每月推出的促销产品，如何做才能帮助他们促销？通过对一些企业客户历年的销售业绩、车型及其车史报告关联分析，我们发现很多买车人对每月的促销并不总是很在意，除非价钱与别的商家相差太大。但当经销商同时提供促销车的免费车史报告后，买车人的购车意愿就大大增强了。我们于是尝试性地把车史特别报告植入其线上促销广告中，结果该经销商当月的销售量大大增加。就这样，Carfax 为大批汽车经销商设计和量身定制了"热卖二手车"促销辅助产品。这款产品与汽车经销商月销售二手车捆绑促销，在帮助其快速售出当月促销产品的同时，巩固了客户忠诚度，提高了客户满意度，迫使竞争对手跟进，同时为 Carfax 开辟新的营利渠道。"二手车保养记录"加入传统的车史报告，是 Carfax 的各地销售代理通过调查得到的创意，也是高层多年来想做而没有顺利做出来的可视化数字产品。处理海量半规则、非规则数据在 2003 年还不像今天这样有众多方便的工具可供选择，Carfax 之所以能比所有对手提前两年做出产品来，全靠杰出的数据分析和算法逻辑能力作为后盾。把数据分析结果做成成熟的产品首先需要对各种现有和新增数据进行无缝整合，其次还要对可视化数据进行严格筛选、优化比较，如哪些汽车保养数据应该出现在报告中，需要每个月的数据还是挑选用户更关心的数据，与其他已有车史记录相配数据等。这些问题经过决策层、管理层、市场部、销售部等的层层讨论，产品研发部最后决定保修数据只选那些最重要的（如更换发动机、变速器等），以季度而非月份开列换机油等定时保养项目。在形成最终产品前，Carfax 还邀请有代表性的客户做测试，微调后，对产品进行包装，规定用户使用权限和定价，最终上线。笔者记得 2005 年初这款产品一经推出就轰动业界，成为又一款成功的赢利创新产品。

此后，他们还与企业客户一起开发了大数据协同解决方案，研发了一系列成功的创新产品。其中与银行和保险业合作的大数据产品特别值得一提。大多数美国人买车都要从银行贷款、买车险。对于二手车来说，贷款和保险数额取决于个人征信（大数据当下在中国的另类火爆应用，美国已非常成熟）和该车的历史记录。而 Carfax 作为行业领军企业，其 20 多年的大数据产品创新成绩是当然的合作选择。由于他们拥有全北美和欧洲发达国家的大部分二手车记录，其创新做法也非常直截了当。Carfax 先为合作银行和保险公司等客户设置专属账号，再根据银行和保险公司提供的二手车样本数据，很快调出这些车的详细历史数据。创新团队依据这些客户的众多业务原则，与客户一起决定数据的筛选，对数据分析和计算制定详细的规则，把 300 多条规则（计算公式）植入客户对应的不同业务里（如商业银行、信用社、保险、财产担保和专业汽车贷款等），进行相关数据演算。他们最终为不同行业、不同企业定制了不同的车史报告产品，为客户在批准合理的汽车贷款、保险和担保额方面提供精准的数据支持。研发基于移动互联网的数字产品也是 Carfax 最新的努力方向。Carfax 成功研发的支持苹果和安卓系统的智能手机应用软件不仅让用户可以随时随地查看车史报告，也为他们在经销商那里买卖二手车提供了极大方便。更重要的是，通过后面的大数据平台，Carfax 还可以收集大量普通用户和企业用户的各种实时行为数据，为其今后研发更多数据产品开辟了另外一条渠道。现在北美和欧洲每年向中国出口的各类豪华轿车中，其中很可能有修理过的二手车。从表面上看，这些车和新车没有任何差别，那么如何知道一辆从美国进口的玛莎拉蒂或欧洲进口的保时捷是否为二手车？如果有了车辆识别码，看看 Carfax 的车史报告就知道了。

2014 年，有个著名的汽车发烧友兼资深汽车评论家在自己的博客上写了一条针对 Carfax 数据产品的评论。他说，在 20 世纪七八十年代，美国人在路上发生车祸，典型的做法就是下车对骂，甚至动粗，然后双方鼻青脸肿地走人，没有索赔一说；从 20 世纪 90 年代开始，车主先是下车检查，彬彬有礼互致问候，然后打电话给保险公司，索赔、修理一切搞定。车祸记录只分别存在保险公司和警察局，其他人无法知晓，买卖二手车时根本无法知道该车是否有过车祸。1995 年，有了 Carfax 车史报告后，所有被警察记录过的车祸数据永远都跟随车辆，然后买卖双方都会因为车祸记录而讨价还价。从这以后，不管在哪里发生车祸，哪怕就是一些轻微剐蹭都会让你的车辆身价大打折扣。有些人为了不留这种记录，就私了，现场给对方几百美元现金修车。如果没有现金，又不想要记录，更不想被保险公司提高车保额度，两位金发碧眼的车主恐怕又要恶言相向，在公路边对练螳螂拳和佛山无影脚了。

案例点评

从第三章到第八章，Carfax 运用大数据做产品创新的故事就讲到这里了。把这个故事分散在几章里，最主要的目的是让非专业读者体验一下做一款大数据产品创新所要经历的各个阶段，同时也呼应本书提到的运用大数据做产品的整个生命周期。Carfax 的创新案例对于中国的大数据创新有很多特别的启发意义。根据 Carfax 的调查，当一个国家的二手车数量达到千万辆后，车史报告就开始出现市场需求了。这家企业其实早在 2010 年就计划进入中国市场，其在亚洲的第一个布局是在日本成立了一家合资企业，提供跟美国和欧洲类似的产品服务。其母公司，世界知名汽车信息咨询公司波尔卡（R.L. Polk & Co.）也早在北京设立了分公司。但类似 Carfax 的业务在中国尚未做起来，其中的原因是多方面的。除了文化和习俗的原因外（如美国人一般不在乎开二手车，而国人可能更倾向拥有新车；美国汽车技工昂贵，国内汽车技工便宜，也许就不需要这种产品等），最重要的是做这类产品所需数据不易获得。国内大数据交易市场才起步，缺乏所需的各种汽车历史数据，没有可靠的汽车数据存储商和供应商。政府管理的汽车大数据不开放等。进入 2015 年，随着中国政府和社会对大数据技术及其运用的广泛重视，无论今后是否能出现类似 Carfax 的产品，最关键的是一个开放的大数据环境对企业、政府和个人做创新都至关重要。这才是本案例的重点所在。

■▮▮　案例　▮▮■

爱奇艺——大数据技术与娱乐艺术的两位一体

问题

传统来说，整个视频行业购买剧集主要依靠采购人员的经验，或者有时候靠赌运气。而"我的广告费有一半浪费掉了，可我不知道是哪一半"，这句广告圈至理名言反映了传统广告商对其投入产出效率低下的无奈，在娱乐界也是同样的尴尬。虽然娱乐是人类的天性，但对于研发娱乐产品的人及其广告商而言，如何精准地了解目标受众的各种细微喜好和期望，对娱乐产品的市场受欢迎程度至关重要。而对于受众而言，花了时间和金钱就是为了从思想和精神上享受娱乐产品带来的全新体验。往往一个娱乐产品被市场拒绝，导致投资失败，主要原因就在于需求和供给之间的巨大反差，即娱乐产品制作和宣传方没有准确把握其目标受众的期望值，推向市场的娱乐产品无论从内容和广告效果上都不能打动受众。前些年充斥在中国市场的很多粗制滥造的抗日神剧、无厘头的宫廷戏等都属于这类。如何在一款娱乐产品尚未推向市场前、甚至一个剧本尚未成为一款娱乐产品前，就知道它可能的受欢迎程度，一直是影视界、娱乐界、广告圈关注的问题。

网络视频大数据创新

在美国，运用大数据技术来了解、预测受众行为并据此投资研发娱乐产品的先驱企业是 Netflix，而中国的 Netflix，网络视频行业的领军企业就是爱奇艺。作为一家有强大媒体基因的科技公司，爱奇艺一直致力于通过技术做创新和内容创意，让人们平等便捷地获得更多、更好的视频。目前，爱奇艺已经构建起涵盖电影、电视剧、综艺节目、动漫、纪录片等十余种类型的正版视频内容库，并积极推动中国视频行业产品、技术、内容、营销等全方位创新，构建起全球首个视频大脑，为用户提供丰富、高清、流畅的优质视频。并且在版权运营、影视制作等领域都建立起领跑优势。

• 左手艺术，右手技术的弯道超车之路

2010 年成立的爱奇艺通过其技术与艺术融合的双螺旋基因，在激烈的市场竞争中快速赶超一众老牌视频网站，成为中国最大的综合视频服务平台，并在用户覆盖和观看时长等多项核心指标上领跑行业。爱奇艺得以快速实现核心数据和用户口碑领跑业界的一个重要原因在于，自成立伊始，它就一直将自己定位为一家有强大媒体基因的科技公司，科技公司的定位使得爱奇艺在技术研发上大力投入，并获得了远高同业的价值回报。如今，在内容制作、版权采买、营销推广等众多核心业务环节，大数据都已经成为爱奇艺重要的决策参考。

要获得实时的受众娱乐数据，互联网是一个捷径。通过与百度数据的无缝对接，爱奇艺获得了视频同业难以比拟的独特大数据资源，即在了解用户视频娱乐需求的同时，还能够充分了解用户其他方面需求。海量数据产生、存储、挖掘、整合应用，爱奇艺通过对大数据资源的高效

利用，使之展现出巨大的用户服务价值和商业价值，个性化推荐、绿镜、一搜百映、流量预估等众多专利技术每天都在为用户、制片方、广告主提供与之相关的大数据服务，并为爱奇艺内容制作和运营提供重要决策参考。

当前，爱奇艺数据库中包含数十万条明星关系数据，千万级视频数据，以及每月 5 亿用户的数十亿条行为数据。这些数据中包含着"人与人""人与视频""视频与视频"间错综复杂的关系。爱奇艺目前正着力挖掘这些关系中的有效数据，构建全球最大数据量的视频知识图谱，向用户提供定制化、更精准的搜索、推荐结果。

与此同时，爱奇艺还是世界上最大的云计算应用平台之一，其与 Akamai、网宿等全球和中国最大的云计算服务及内容分发网络（CDN）供应商深度合作，服务全球视频用户，带宽储备超 10TB。而其由 CDN 网络与全球最大 P2P 网络融合研发的全球独家高效 HCDN 架构，则在保证用户高清流畅在线播放视频的同时，支撑起爱奇艺各端大数据运算及技术研发高效运转。

• **打造最智能视频大数据平台**

对爱奇艺而言，有效应用用户和运营数据，并推动视频智能化、个性化创新，既是爱奇艺发展的重要支撑，也是为用户、广告主、内容制作方提供优质服务的使命所在。因此，爱奇艺建立起全球首个视频大脑——"爱奇艺大脑计划"，通过机器深度学习技术充分理解百度和爱奇艺的海量数据，并将之连接，有效挖掘用户喜好和视频间错综复杂的关系，构建 5 亿视频用户知识图谱。

"爱奇艺大脑计划"正式公布前，公司就已将大数据视为重要资产和战略资源，并进行了一系列领跑行业的技术研发，将用户需求与服务有效连接，紧密整合视频生产营销的各个环节。红遍亚洲的《来自星星的你》，流量神剧《爱情公寓.4》，以及《何以笙箫默》《北平无战事》《红高粱》《一吻定情》《昼颜》《破产女孩》《美国恐怖故事》《绿箭侠》《国土安全》等众多剧集经由爱奇艺播出推广后火爆网络，这背后的秘密武器是爱奇艺流量预判系统，它能够通过对影视剧集导演、演员、题材、编剧、档期的多维度分析，对内容流量进行前期预判，也就是在这些影视剧上线前，爱奇艺就已经知道会有多少用户观看多少次，并根据这个预测，去判断它的变现能力。爱奇艺流量预判系统彻底颠覆了传统的视频采购模式，让版权采买成为大数据与从业人员经验相融合的理性商业行为。目前爱奇艺的流量预判精度已经达到90%—95%。

爱奇艺通过大数据预测剧集流量已经成为中国媒体热议的一项技术，而从中获益最大的无疑是用户和广告主。在爱奇艺CTO汤兴看来，拥有体量庞大数据的同时，还要具备为用户和广告主提供个性化智能服务的技术能力。爱奇艺的用户个性化推荐系统综合了影片类型、用户搜索、观看、评论历史，甚至用户机型和地理位置等众多信息，为用户进行内容筛选推荐，现在爱奇艺每天有1亿流量来自个性化推荐系统。爱奇艺绿镜同样为用户带来了惊喜，绿镜能够通过对用户行为进行数据分析，提炼出最精彩的剧集内容展示给用户，近期因其将总时长27小时的《何以笙箫默》通过大数据分析，提炼精华压缩到8小时以内，成为备受媒体和用户关注的视频大数据明星产品。

爱奇艺正通过对大数据的有效开发获得更多商机，而广告主也借此找到了真正的目标人群。2013年，爱奇艺推出基于百度搜索行为的精准广告产品"一搜百映"，获众多品牌认可；2014年，通过百度地理信息数据、爱奇艺移动终端数据等综合分析，"群英荟""追星族""众里寻 TA"等多款人群定向广告产品，为广告主在 5 亿爱奇艺用户中找到对的人。

当前，中国视频行业正在积极向影视、综艺内容制作上游延伸，而爱奇艺《奇葩说》《废柴兄弟》《灵魂摆渡》《晓松奇谈》《吴晓波频道》《时尚江湖》等众多现象级网剧和节目的出现，这其中大数据起到了极强的指导作用。特别是爱奇艺自制节目《奇葩说》，自开播以来持续获得媒体和用户重点关注推荐，其犀利的节目风格和精准的话题选择都源自爱奇艺大数据的精准分析，截至 2015 年 2 月该节目总播放量已达 2.4 亿，节目话题互动讨论量突破 10 亿大关。

• 高价值的数据积累和大数据技术演进

爱奇艺与其他同业的一个非常大的不同在于，其员工构成中，科学家、工程师、数学家占比超过 50%，在爱奇艺 CTO 汤兴看来，一家公司技术团队的工作主要包含三部分，即提高用户体验，降低运营成本，提高运营效率。未来，随着对大数据的掌握 IT 部门会产生更多的变现的能力。爱奇艺的工程师团队，特别是数据研发团队正将这项职能统筹实现。

每天 1.5 亿用户在爱奇艺上收看视频，每个普通工作日的夜晚，爱奇艺都会成为中国骨干网带宽的流量消耗主力。支撑如此庞大的用户播放需求，同时还要进行大数据分析系统的高效运转，无疑需要极强的带宽等基础架构支撑。为此爱奇艺搭建了强大的视频云系统，能够通过 HCDN 分发网络实现用户高清流畅观看视频的同时，大数据分析系统快速有效服务于各运营环节。

爱奇艺大数据分析团队 2014 年获得 30 多项大数据专利，技术方向和成果领先同业。绿镜、视频指数等产品已经成为中国视频行业大数据用户端可应用的明星产品，目前爱奇艺大数据研发团队在积极进行视频深度学习领域的布局研究，这些科学家、工程师肩负着创建、迭代和调试深度学习以及其他类型的机器学习模型的工作，不断挖掘有效数据，理解数据间的复杂关系，让深度学习系统得以不断进化。

深度学习布局智能视频未来

当前，大数据的挖掘应用已经贯穿爱奇艺的众多核心业务环节，并在影视制作上游吸引了王晶等极具互联网基因的导演来进行深度合作。目前，爱奇艺已经与英特尔、NVIDIA（英伟达）、中国科技大学、山东大学等知名国际公司及学术机构达成战略合作，并建立起深度学习实验室，意在加速产学研之间的成果转换，进一步加快大数据挖掘应用技术的快速迭代，全面打造面向未来的智能视频平台，更好地满足用户高品质、智能化、多元化的需求。

爱奇艺月度用户覆盖达 5 亿，移动端累计安装量已经突破 10 亿，并且用户规模和使用时长还在快速增长。当前每天产生的海量数据，已经被有效应用到爱奇艺日常运营中，机器通过深度学习可以完成很多大计算量、逻辑化的工作。与此同时，爱奇艺也在全球范围内招募顶尖工程师、数学家和大数据应用相关人才。未来的视频行业必然是"机器＋人类"，机器将能够帮助人类完成更多工作，人的主要工作将集中在创意、经验和判断力上。"机器＋人类"的智慧会彻底改变这个行业，技术的进步将重塑视频产业。

案例点评

　　诚然，任何技术手段都不能代替艺术创作本身，大数据也不是艺术创作的指挥棒。通过大数据技术对娱乐产品受众的习惯行为进行分析、评估和预测，并据此对特定娱乐和文艺创作可能的市场接受程度进行前期预判分析，可以在很大程度上帮助艺术创作和市场营销主体，如影视制作商、投资方、导演、广告商等更好地了解市场和娱乐受众精确需求和期望，避免完全依赖经验和主观判断带来的不确定因素，从而更有效地创造出受市场欢迎的娱乐产品。大数据技术不可能百分之百准确预测市场对特定艺术作品的需求，它对特定艺术作品的创新成功更多是起到理性的助推作用。目前大数据技术对中美娱乐界的强烈冲击在于，如何运用它来选择一款成功率高的娱乐产品，使一款娱乐产品更受欢迎，如何避免投资一款可能会失败的娱乐产品等。这既是对传统娱乐产品制作方式的颠覆，又开辟了当代娱乐产品的研发新方向。

第九章　大数据企业服务创新

企业内部大数据服务创新

企业内部大数据服务创新是通过运用大数据技术在企业内部创造的，旨在提高市场、研发、运营、客服、营销、招聘、人事等各个核心构成部门间沟通、工作效率、服务质量、数据信息共享水平的各种服务项目和功能性改善计划。这些服务创新往往针对企业内部用户的日常工作痛点和瓶颈，服务形式往往以更便捷的数据清理、流动和搜索、网络系统问题预警反应、智能化的报表工具为代表。目前这种内部式创新往往为国内企业所忽视，因为它不会立刻带来看得见的投资收益。但如果从提高中长期企业竞争力而言，这其实是非常必要的投资，而且由于企业竞争力的大幅提高，会带来长远的收益。著名的谷歌和思科公司就是最好的例子。

企业外部大数据咨询服务创新

像其他外部咨询服务一样，利用大数据做服务咨询创新也遵循相关的业界规则。这些服务包括分析、判断客户对大数据项目的长期和迫切需求，客户现有的数据资源和人才，实施大数据项目可以给客户在中短期带来的收益等。基于以上信息，企业就可以为其客户提供是否应该和如何开始大数据项目的建议。与其他咨询对象不同，由于大数据及其运用还有很多不确定性，提供这种服务创新的最主要挑战往往来自有些客户不清楚其业务使用案例，有些客户非常纠结其现有的、尚可使用的数据系统架构如何与大数据整合。很多时候，感兴趣的客户只是抱着来接受"再教育"的目的，战略、技术、财务、人才和管理方面都没有做好准备。企业在做大数据咨询创新时要尽量以模拟的、可视化的效果去打动客户，即使客户只是对一个简单的数据收集服务感兴趣，企业也应把咨询聚焦在如何给客户带来投资收益方面。如果客户已经开始了大数据项目，企业的咨询重点就应放在如何根据客户自身的大数据知识、技能专长和行业动态，通过创新咨询服务，帮助客户改进和顺利实施这个项目。

大数据企业客户解决方案

在客户对服务咨询表示满意并愿意承诺启动其大数据项目后，创新成败取决于相关解决方案的设计和执行情况。对企业客户而言，解决方案可以是一款个案化的软件，也可以是符合客户要求的硬件设备或两者的集成，或只是一个特别算法的应用，解决方案的形式可以多种多样。创新成功的秘诀在于如何满足客户的具体商业、技术或战略目标需求和期望值（如客户对特定产品的喜好，提高处理非结构性数据的能力或在 1—3 年内获得国有金融行业大数据分析市场 60% 的占有率等）。围绕如何帮助企业客户利用大数据创新开辟新的增长点，直至最终提高竞争和营利能力，企业应把客户当成合作伙伴，严格实施风险控制，利用客户提供的样本数据和每一阶段的内部质量评估及用户测试，不断调整方案的各项功能，直到解决方案最终为市场所接受。

大数据政府客户解决方案

与企业客户不同，几乎所有政府客户运用大数据都围绕几个基本目标，即如何提高公共服务效率、质量和创新各种公共服务项目，以满足社会需求和提高公众满意度。相比企业而言，政府机构往往掌握涵盖安全、法律、医疗、健康、交通、运输、金融、能源、教育等社会各方面的大量数据资源，但大多数政府客户一方面坐在各种大数据金矿上，另一方面由于自身没有清晰的业务案例，缺乏相关具体开放数据法律支持和可靠的内部数据人才等原因，往往造成不差钱的政府客户（国企不算）对大数据运用心有余悸，裹足不前。应对这种局面，对政府客户的解决方案往往要花更多的精力进行大数据的持续教育，分析权衡各种利弊，从相对容易见效的项目开始，在顺利完成一个个子项目后，通过消除客户对大数据应用的恐惧和担忧，建立信心，增进互信。这些子项目可包括环境监测数据收集、整合，分析及管理（如雾霾分布及扩散、污染源、构成，年维度、月维度、天维度和其他时间周期污染指数变化），传染病预防信息收集及监控（如埃博拉病毒），社交媒体舆情分析与恐怖活动动态变量监控数据收集，证券交易市场数据监控等。

■Ⅲ 案例 Ⅲ■
百度——做靠谱的大数据预测

在互联网大数据时代，政府机构、各行各业及个人的各种公开数据都可以在网上通过博客、数字媒体、视频、图片以及各种格式的文件等收集起来。而如何发掘其中的价值，通过数据分析，找出数据间各种复杂关键关系及其模式，继而对某种事件做出其未来发展或演化趋势预测，是当下大数据运用的又一重点。

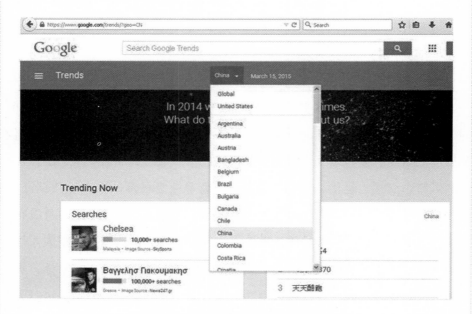

图 9–1　谷歌全球趋势预测网页截图

谷歌 2008 年推出其"谷歌流感趋势预测"，以"一会儿准确，一会儿又失误"的戏剧性故事引起世人瞩目，不过，全球真正开始大规模地运用大数据做行业发展趋势预测，并使之成为全世界大数据运用的一个热点是 2011 年以后的事了。很多大数据企业为了提高自己的预测准确

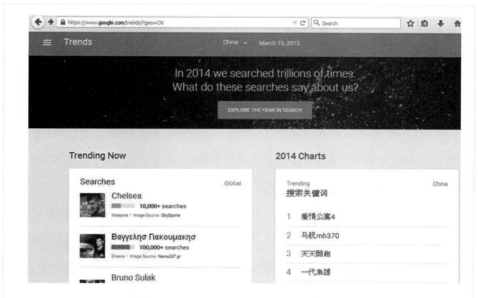

图 9-2　中文热门关键词——谷歌全球趋势预测网页截图

率，纷纷改进预测模型的数据来源、算法、逻辑、数据间关联关系，以提高预测的准确性。可以预见，随着大数据技术的逐步提高，今后小到像买卖股票、出门旅行、求医看病、职场活动、购物行为等个人决策，大到如制定各种经济、医药健康、公共教育、防灾减灾等公共政策，社会对这类预测结果的依赖会越来越大。

问题

貌似普通的流感疾病有时也会造成全球范围的健康灾难。1918 年欧洲和北美暴发的流感疫情夺去了 5 000 万人以上的生命，大部分发生在当年的 9 月到 12 月中。近百年来，这场灾难的神秘源头一直困扰着科学界，直到 2014 年美国国立卫生研究院通过大数据研究后，才发布研究文章证实其源头其实来自美国堪萨斯州的小镇，哈斯克尔郡。当年该流感先是从这个州蔓延至美国东部，美国军队又出战欧洲，把流感传遍英法等"一战"前线。这否定了一些人长期的猜测，即此流感是中国参加"一战"的华工带入的。在大数据时代，对严重危害人类健康的各种流行病的预测越快、越准确，意味着可以挽救越多人的生命。

要想提高大数据预测的准确性，首先，要从我们常说的"因"和"果"关系出发，即选择哪些数据作为起点，看这些数据是否可以尽可能地覆盖所需相关数据；其次，判断这些数据间的各种复杂关系（即"因"），并在此基础上，根据元数据及其动态变化，构建算法模型，采用最优的数据分析方法和工具，并得出初步的可能结"果"；最后，再根据现实社会已经发生的结果来反推、调整参数及算法模型，使之更接近实际。应对这种挑战，提高其准确率对预测重大公共事务相关的事件，如强传染性疾病，往往有非常重要的作用。商业预测的准确性则往往直接决定企业或个人的投资风险控制和投资回报率。

解决方案

百度作为中国运用大数据做各种趋势预测的领军企业，于2014年4月上线了大数据创新服务产品"百度预测"。用户登录该网站便可看到"景点（舒适度）预测""城市（旅游）预测""疾病预测""经济指数预测""高考预测""电影票房预测""欧洲杯赛事预测"和"世界杯预测"等系列功能板块。其中最引人关注的是"疾病预测"和"世界杯预测"。

百度疾病预测与谷歌流感预测收集数据的原理类似，即采集全国各地网民每天在百度上搜索各种主要流行病的海量相关数据，此外百度还更上一层楼，专门增加了与流感相关的微博内容、天气变化、人群迁徙等数据，找出其中的统计规律。经过一段时间的沉淀，再根据对这些数据的分析和挖掘，构造一个个初步的算法模型，通过数据变化趋势，来预测未来疾病的活跃指数。目前，百度疾病预测可提供对流感、艾滋病、肺癌、肺结核、肝炎、高血压、宫颈癌、乳腺癌、糖尿病、心脏病和性病等疾病的预测，并可回顾过去 30 天的历史数据及对未来 7 天的疾病变化做出预判。此外，这个大数据可视化工具还可以让用户看到某种流行病排名前十的省份、地市和区县。以下是疾病预测的总图（见图 9–3）和以流感为代表的示意图（见图 9–4、图 9–5、图 9–6）。"活跃度"用来反映所选地域该疾病的活跃程度，以及该疾病相关医院的搜索排行。截图时间为 2015 年 3 月 18 日，空间则是省、市和县。

　　如何提高疾病预测的准确率是百度和所有用户关心的问题。在吸取谷歌流感预测不准确的各种教训，包括互联网数据收集面窄、数据间关

图 9–3　中国疾病监控和预测种类——百度疾病预测

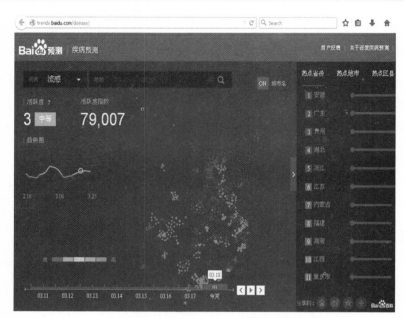

图9-4　2015年3月18日中国流感高发省份——百度疾病预测

图9-5　2015年3月18日中国流感高发城市——百度疾病预测

图9-6　2015年3月18日中国流感高发区县——百度疾病预测

系过于简单等导致算法偏差等问题教训的基础上，百度除了直接对从互联网上收集到的原始数据进行清理、消除歧义、价值深度挖掘、扩展和分析外，还与中国疾病控制与预防中心合作，参考其提供的从2006年1月至2014年6月的流感监测周报数据，并在按时更新疾控中心数据的同时，充分运用时下流行的"深度学习"（人工智能）技术，完善机器学习模型，以期提高预测的精准度。百度疾病预测的范围也不仅仅局限于大城市，而是覆盖到了区县和商圈，在数据模型方面，还针对每个城市分别建模，扩大数据基础和提高精准性来保证预测的准确性。

市场反应

　　百度疾病预测于2014年7月上线，得到准确的预测结果至少要一年以上的数据积累，才能与实际情况相比较，以得出客观判断，我们可以利用几个相关的预测结果来预估这种疾病预测的算法是否合理、可靠。百度世界杯足球预测功能在 2014 年世界杯期间推出，从已经发生的结果来看，百度预测德国队获得最后胜利的准确率超过了微软和谷歌等世界高科技领军企业，赢得举世瞩目，这说明其对数据收集和深度学习算法的能力在预测世界杯方面已超过了对手。

澳大利亚昆士兰技术大学在 2014 年 11 月 12 日报道了一个关于登革热的大数据预测研究，使用的技术方法与百度类似，与实际结果相比较后发现，运用这种方法得到的预测结果，其准确率为 98%。羊年春节里，百度又推出服务产品"百度天眼"，通过大数据技术实时扫描和搜索全国各地飞机航班运行状态，让用户实时查询飞机位置、起降时间、起降地实时天气变化、飞机型号和机龄等信息，通过这款监测和预测工具，并根据掌握的预测数据来规划和调整自己春节期间的出行安排，百度在让普通人也可以享受大数据技术带来的便利的同时，也为自己创造了一个新的大数据营利模式。

案例点评：

百度运用大数据做趋势预测的服务和产品创新既代表其大数据研发的方向，又展现了中国企业运用大数据的强大潜力。对于百度这类企业而言，由于其创新没有立刻变现的压力，通过不断推出各种创新服务和产品实验，在不断试错的同时，改进产品服务性能和范围，扩大影响力，一旦找到市场反应好的产品和服务，迅速迭代研发并推向市场以获得市场绝对占有份额，是这类大型企业的创新策略。

▰III **案例** ▰III

国美在线大数据平台服务

背景

电子商务是目前中国大数据应用最广最深入的行业之一。国美在线依附传统零售巨头国美电器，在电子商务领域不断地发展和深入。随着在线流量的增长和业务的扩张，其传统 IT 基于数据库为中心的数据存储、管理、计算的架构已经无法满足日益增长的实时 OLAP 数据分析需求以及数据打通、个性化推荐、人群细分、精准投放等大数据领域有代表性的业务需求。电子商务早已进入精细化运营阶段，大数据技术为电子商务带来了每一个用户的精细化分析。坐拥线下渠道数据的国美在线在这一方面具有先天的数据优势，但缺乏成熟的数据挖掘和应用技术来使用宝贵的数据资产。在这样的背景下，国美在线联合明略数据，共同建设国美在线大数据平台。

大数据应用业务分析

国美在线内部具有大量的基于 Oracle 数据库的传统业务系统。这些系统面临着几个方面的问题：1. 自身业务扩张导致压力增大，致使反映业务状况的报表无法及时生成。2. 多个业务系统间的数据无法打通，无法出具更全面的报表、指标。这些问题虽然可以通过基础 IT 设施的升级来解决，但是面临极其昂贵的成本。

作为电子商务公司，加上线下零售巨头背景，国美在线可以通过各种渠道接触用户，获得大量的用户行为数据，但由于缺乏大数据平台，他们无法很好地收集、存储、管理、挖掘分析这些数据。

大数据平台解决方案

明略数据基于"企业通用大数据平台"创新产品及其架构设计，在充分了解国美在线业务和现有信息系统架构的同时，为建设国美在线大数据平台做了以下的系统架构重构，数据流程再设计和各相关的商业流程改进、分流等咨询服务建议，并实施了相关的规划设计、开发和数据测试（见图9-7，加深色为新的大数据架构和开发部分）：

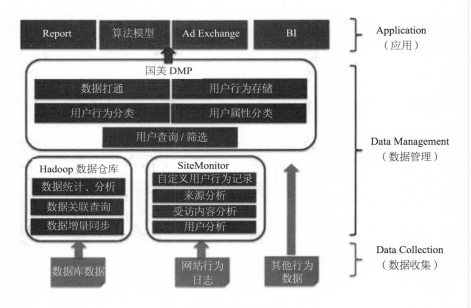

图 9-7 系统架构

大数据平台达成效果

明略数据团队采用 Apache Hadoop 技术为国美搭建了基于大数据的电商运营和管理平台，为国美在线夯实了新的 IT 基础设施建设。

该大数据电商平台为国美在线采用了基于监测在线流量的

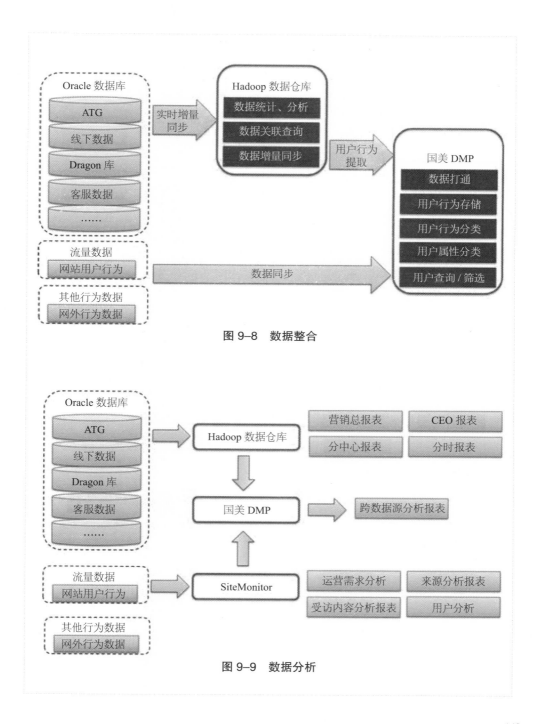

图 9-8　数据整合

图 9-9　数据分析

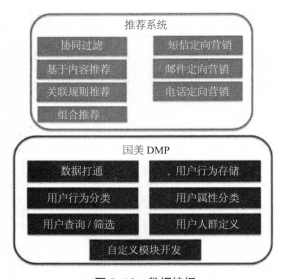

图 9-10　数据挖掘

SiteMonitor 软件，为国美建设了完整的流量监测系统。通过自定义流量监测脚本，该系统实现了国美在线流量的站内、站外监测和数据实时收集，通过数据分析得出多维度的消费者数据流量分析报表与指标，并把这些在线用户行为大数据统一存储于国美大数据平台（见图 9-11）中。

建设国美 Hadoop 数据仓库。通过明略实时增量的数据库同步软件 INCR，实时同步多个业务系统数据到 Hadoop 数据仓库（见图 9-12）中。

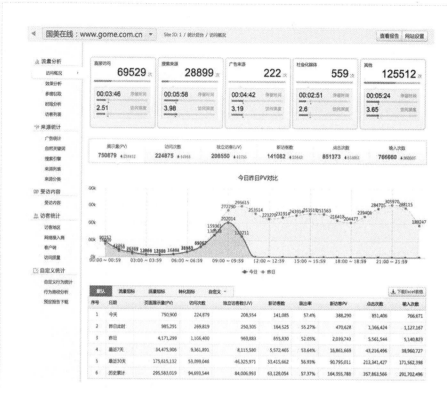

图 9-11　国美大数据平台

图 9-12　国美 Hadoop 数据仓库

构建国美数据管理平台（国美 DMP），建立统一用户行为模型，统一存储各个来源的用户行为数据，包括来自在线用户的行为、线上线下交易、库存、物流和客服等（见图 9–13）。

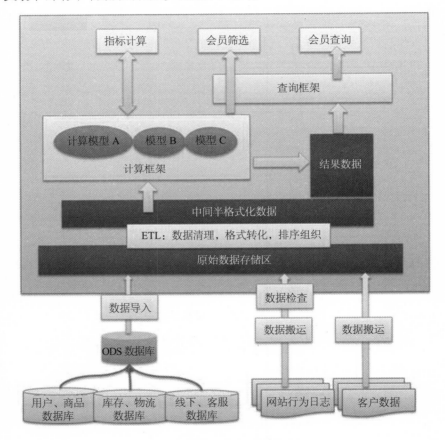

图 9–13　DMP 平台

基于国美数据管理平台，实现用户行为的数据分析与挖掘，为精准投放、个性化推荐、定向营销等业务运营和决策系统提供了详尽的数据支持和保障。

该大数据平台于 2012 年建成，创新成功也极大地促进了其日常业务的运营，显著提高了国美在线的客服能力和运营效率，同时给企业的大数据投资带来了丰厚的回报。具体表现为以下几点：

大数据平台创新

搭建了基于 Hadoop 的国美在线大数据平台。平台包含 HDFS、Yarn、Mapreduce、HBase、Hive、Spark、Shark、Pig、Sqoop 等多种大数据工具组件，并通过明略大数据平台管理软件 NoahArk 统一管理，在节点增减、组件配置、服务启停等基础的管理功能之外，还提供了多租户的资源分配、权限管理、插件式的自定义监控报警等功能，为大数据平台的快速、稳定运行提供了基础保障。

由于新的大数据电商平台整合了多个业务系统间的数据，使各部门业务数据可以在集中管理的同时，又能及时分享。该平台还可以出具反映各部门和公司整体状况的全面的业务报表，有利于监控来自各个部门的和企业整体层面的运营指标。

从企业内部用户的角度看，由于该平台各项新功能为企业日常运营、各部门业务协同整合提供了便利的工具和实时数据分析支持，极大提高了工作效率和内部沟通能力，由此带来的内部业务和管理流程创新受到了各部门用户的普遍认可。

以数据为依据驱动商业管理决策

目前在国美在线，一件商品能否上架及其是否能在其首页、列表页推送，很大程度上取决于多数消费者的浏览与购买行为史和可能的"喜欢"程度等各种数据，依此进行智能匹配。其他如结合用户行为、属性、订单，商品参数、购买记录等数据组合也影响着单个商品推荐、同类别商品智能推送、商品智能跨站比价以保证正品低价、商品智能配件搭配等，而这一切都尽可能地满足了消费者的潜在期望，同时极大地提高了国美在线的服务水平和竞争力。

在主动营销方面，通过参考消费概率等级、客户最近一至三个月查看商品次数等数据，再结合国美在线的全网推荐系统，根据大数据平台推荐的模型运算，国美在线可以将消费者的商品需求推荐至网站、营销、客服渠道或其他渠道，这不仅提高公司的商品销售额，更提高了公司的服务质量和竞争力。譬如某一高价值居家社群定义为：性别（男）+ 年龄（30—35 岁）+ 区域（上海）+ 品牌偏好 +…… = 居家 / 小资 / 哈韩。在这个居家社群中，他们很可能都会做出购买三星滚筒洗衣机、博洋家纺十件套、三星 S5 手机、三星双开门冰箱的选择。数据统计显示，若该细分人群中，如果有 60% 的人购买了以上规格商品，则该细分人群中会购买三星电视的置信度达到 90%。

以算法为辅助提高运营自动化能力

在面对海量用户数据及其变化时，如何随着变化调整营销策略？如何根据公司的库存变化、配送能力等数据把握机遇？自动化运营功能是新的国美在线电商大数据平台支持下的又一商业竞争利器，使得国美在线系统可以依据客户对线上商品的评价、商品信息、行业热点等，即时获取站内外及供应链信息，通过系统背后的大数据文本挖掘、行业分析、品牌分析、产品分析和实时分析，再运用事先设计好的相应算法来判定和调优规则，识别机遇和风险，进而运用系统进行自动调价、风险管控、库存优化、产品优化、供应链优化等一系列"自选动作"，从而减少不必要的人工参与，大大提高工作效率和市场反应速度，增强在线销售能力的同时，提高客户满意度和忠诚度。

以大数据整合能力制定实时决策报表

在综合收集公司高管、客服、营销、采销、物流、财务等其他部门实时更新数据的基础上，依靠新的大数据平台，国美在线在任何时间段都可以提供 50 张以上的网站运营实时报表、400 张以上的高管决策报表、200 张以上的非常规需求报表。实现了对各业务中心的报表支持系统。它包括：手机客户端、BO 系统、人工自定义、决策支持平台，共计近千张报表。通过及时分析、突发分析、常规分析、定期分析，国美在线的实时响应能力得到了极大的提高。

以大数据分析挖掘能力提高广告投放精准率

基于新电商大数据技术的国美广告竞价平台，则是整合了站内站外广告需求方、广告供给方、站内广告位等媒体资源，面向站内外的全网广告需求方提供统一广告竞价的平台。这使国美的每笔广告支出都有很强的针对性、可以进行点对点的精准投放，在提高广告反应率的同时，也避免了以往的盲目浪费。

案例点评：

国美作为电器销售行业的著名领军企业，其线上的电子商务运营、收益、客服、广告、日常决策、管理在面临海量数据处理的同时，往往要依赖可靠、高效的大数据技术。而高效的系统架构、精确的数据分析挖掘和计算方式、用户培训质量、解决方案的前期测试结果等则是判断和选择一个大数据解决方案商的基本标准。

第十章　大数据政府服务创新

　　运用大数据做政府服务创新是自 2011 年以来世界各国政府在创新公共服务方面的大趋势，尤其以美国政府为代表。从 2012 年开始，中国政府也开始投入大量人力、物力奋起直追。从 2014 年起把大数据和云计算技术提升到国家战略层面，到各地方政府出台的各种大数据激励措施（如广东的大数据管理局等），都显示了新一届政府对此创新的高度重视和大力投入，大数据被视为进步社会的"基础建设"，站在大数据发展的十字路口，不能在互联网时代掉链子已然是各级政府的共识。如何利用大数据做政府创新，进而推动政府的各项深化改革？政府在运用大数据做创新时应如何开始？如何避免被市场

忽悠？首先可以借鉴美国政府在大数据创新方面的经验和教训。

- 政府大数据创新服务是个渐进和不断完善的过程，不能通过"大跃进"式的做法毕其功于一役。

- 成功的大数据项目往往是由紧急的事件引发或从具体使命出发，而非由技术选择主导。

- 成功的大数据项目通常起源于具体的业务用例，而非大而全的、企图解决政府面临的所有问题的顶层设计，如"全能大数据平台"、一次覆盖所有业务部门数据的公共云平台等。"以用例为指挥棒"的大数据运用方法比起那种"先建平台再用大数据填充试错"的方法已被实践证明更有效、更具操作性。

- 成功的大数据项目一般始于技术投资如何更好地支持业务用例，以此为基础，进行迭代式扩展以满足更大范围内的业务需求。

- 一旦确认了对大数据的业务要求，政府部门主管应评估相应的技术要求，找出其与本部门现有技术的差距并据此来计划投资以弥补不足。

- 高效实用的大数据项目都有明确的切入点，如更好地管理海量数据、更有效地分析复杂多变的大数据、更便捷地分享政府可依法公开的大数据资源、为政府开辟更多财政收入渠道以及从大数据中获取更多价值以提高政府服务和工作效率等。

- 在完成大数据初期项目后，政府主管部门应该在衡量成效的基础上，完善技术细节，扩大业务用例。

希望上述美国各级政府的大数据项目经验教训可以让中国各地正在热火朝天展开的各种政府大数据项目冷静下来，采用更加理性务实的态度，逐步推进大数据创新。以下是笔者相关咨询经验和案例研究的分享：

•以特定政府部门的 4 到 6 个核心业务或使命为衡量标准和业务用例（如及时掌握全国金融机构的各种运营数据和国内外资本市场变化数据，有效防范金融风险；提高决策自动化、智能化水平和准确性；提高部门技术投资回报率等），看看大数据是否可以在这些业务或使命顺利完成的过程中起到促进作用，以及具体的目标和衡量手段如何等。如果对这些问题的答案是否定或不明确的，就说明该部门还没有到必须使用大数据的时候。充分利用现有的"小"数据管理，提高其效率和支持政府决策的精确性应该是这些部门数据管理的重点。如果答案是肯定的，决定大数据上马的决策层就需要把大数据纳入该部门的战略规划中，并把其对本部门业务带来的特殊价值与相关人士（受益于大数据的业务部门、管理大数据的技术管理各部门等）进行详细的沟通，共同设立基于共识的大数据项目目标及其达标标准。

•根据业务案例和大数据项目目标，核实、确认该部门现有的数据集和相关政府各部门能提供的能够支持此项目的数据，评估现有数据管理能力、技术架构以及它们是否能支持计划中的大数据项目。谨慎选择大数据项目及其创新的切入点，例如，（还记得那 5 个大 V 吗？）如何解决储存和管理海量的数据，如何从所管理的复杂多变的大数据中挖掘出更多价值及如何与社会共享开放大数据等。

•详细评估可以依法开放的大数据并制定服务创新计划和衡量成功的标准。对确定的数据进行清理、整合、转换等工作，以期发现数据间的关联性，达到数据聚集后的高价值性。

•决定合适的大数据管理、监控和安全措施，按大数据可提供的价值及重要性，分阶段并按照先后顺序实施项目。

•依据衡量标准，测量、复审实施项目的各项指标是否达标，找出成功经验和失败教训，对项目下一阶段（无论是以数据分析促进智能决策还是可视化进程等）进行迭代演进开发。

当前特别需要注意的政府大数据项目倾向：

• 大数据项目的大跃进倾向

这种倾向主要是一些地方政府在没有彻底了解大数据对各重点业务部门的政务用例，没有进行详尽的前期规划和精确计算大数据可能对当前和未来政务带来的影响的前提下，就匆忙决定上马各种大数据项目，而且一开始就要用最时尚的技术，投大钱做大而全的项目，如统一的政府大数据平台、功能齐备的智能城市等，力图通过这个顶层设计的大数据项目囊括今后所有相关的政务，同时实施政府服务创新，提高政府服务质量和办事效率。这种努力的初衷是好的，但如果不从小处着手，逐步推进，往往结果会事与愿违，导致创新失败。

• 大数据服务创新被技术主导

由于大数据技术及其应用对政府而言还是新事务，政府的技术部门里往往缺乏大数据人才，政务大数据项目往往需要外部大数据企业来设计和实施。在这种情况下，会造成个别企业为了自身商业目的，在不完全了解政务业务需求的前提下，有意无意地误导和扩大政务大数据项目适用范围和投资规模，最终使得政务大数据创新完全由技术来驱动，造成浪费和低效。为了避免这种情况，政府项目主管应该多做客观市场调研，搞清大数据项目可能给各部门业务和公众服务带来的好处，首先从哪些地方入手，需要哪些或哪种数据，自身目前的信息技术资源如何等，再考虑和决定选择何种技术。最关键的注意点是大数据服务创新要由政务需求主导，大数据技术只是实现和满足需求的工具和手段。

• 大数据投资过剩的倾向

这种倾向出于有些政府主导的创新项目在没有弄清公共服务市场各

种具体需求细节，没有制定衡量项目成功和达标的具体指标的情况下，就大手笔投资大数据项目，最后项目完成了才发现，要么存在各种问题，要么很时尚但使用的公众并不多，没有达到项目预期效果，造成投资过剩和浪费。避免这种现象发生的诀窍可参考以上原则和本章末尾的两个地方政府的案例研究。

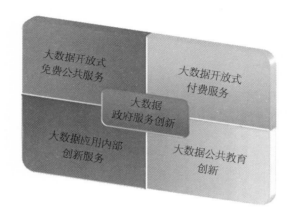

大数据开放式免费公共服务

政府为满足众多不同公共利益而免费向社会开放的各种大数据服务项目，通常针对公众普遍关注的特定领域的特定利益展开。通常做法如下：

• 通过实时收集从各种渠道（手机、社交媒体、新闻报道、官方报告等）得来的大数据，集中存储，进行清理和数据挖掘分析。

• 在比对相关既定法律、行业指标和警戒阈值等数据后，评判其可能会对公众利益带来的影响，及时向社会发布预警，并建立相应的用户界面便于公众查询背景知识和应对措施。

• 全球包括美国、欧洲、中国等地在 2014 年，已遭遇数次由于食品添加剂、食品感染病毒导致的重大公共卫生健康事件。为了预防这类事件，美国食品和药物管理局早在 2012 年就启动了其监管遵从大数据项目，该项目通过收集各地医疗事故报告、疾控中心疫情监控动态数据、社交媒体舆情等大数据，对一系列可能对公众利益影响重大的目标企业进行遵从监控，对不同季节里发生的食品传染疫情及时向社会通报。

• 到目前为止，由于数据收集和分析尚不成熟，在预警这部分还无法做到非常准确，但在及时发布污染食品召回和教育公众如何应对疫情方面已积累了丰富的经验，美国食品和药物管理局大数据服务创新初见成效，值得借鉴。

大数据开放式付费服务

与企业营利目的不同，这种基于大数据的开放式付费服务是针对有特定数据需求的企业、学校和其他类型机构甚至个人，在提供高质量服务的同时也收取一定服务费用。西方发达国家政府在提供数据付费服务方面积累了较多的经验。目前，美国有些政府机构在构建了安全的公共云架构后，也开始向一些企业客户提供类似的公共大数据交换、使用和整合等收费服务。其通常做法是：

• 按合同替特定付费机构、企业、专业人士等多方收集其所需的公共服务大数据，去除其中含有隐私、机密及其他法律规定不能公开的数据后直接卖给客户。

• 将可以公开的特定数据按客户要求的格式进行储存并定期以客户信息系统可以接受的模式交付客户。

• 按付费客户的需求，对所采集的专业公共大数据进行清理、整合与分析，把最后的结果按合同以数据集、分析报告等方式卖给客户。

• 这种服务对政府部门的信息技术和数据处理能力要求较高，需要配置相关数据人才和相应的软硬件设备。

可以预计，这种大数据服务创新一定会越来越受政府机构和社会欢迎，它一方面可以让政府实实在在体验到如何运用大数据做更加精准具体的服务创新和提供更有内涵、更高品质的公共服务，通过积累相关工作经验，可以提供更高效、对口的专业服务；另一方面，这种付费服务使得坐拥大数据金矿的政府部门可以通过收费的方式充分利用其所掌握的数据，使数据价值发挥到极致，同时增加相关政府部门的服务收入，以便提供更好的公共服务，形成良性循环。

大数据应用内部创新服务

这种创新服务是基于政府各部门或跨部门大数据运用，大部分属于不公开的内部创新运用。其目的是服务于国家和公众利益，提高政府工作效率、质量和社会公信力。以下是一些通常实践经验：

• 确定特定监测对象及其数据的种类、结构、表现形式等，通过公开和非公开方法设定覆盖全天候、多种地理位置的大数据监测节点，从中实时收集关于各监测个人和群体的一切数据，如行为、沟通、通信、运营等信息，并基于这些数据进行分析、对比、整合、关联、通过趋势和模式判断，提高对相应监测对象的政策适用性、决策准确性和对紧急情况的快速应对能力。

• 确定具体政府部门职责范畴内的或跨部门共享的监测对象（事件、事物等）及其来自各种数据源和监测节点的（传感器、监测器、监视器、互联网/移动互联网、手机、社交媒体、GPS、卫星等）所有可监测到的动态数据，包括自身和被动的变化等。通过收集这些大数据，集中进行储存和管理，并运用智能数据分析其中的模式和关联关系，建立方便用户的可视化操作工具窗口和各种动态分析报表，以便使相关政府部门更加高效、精确地决策和应对。

• 大数据应用内部服务创新对各国政府部门而言都是一个新课题，由于信息技术的迅速发展和世界政经局势的急速变化，大数据在公共领域的运用是一个迫在眉睫的严肃课题。像任何机构创新一样，政府运用大数据的主要障碍来自其内部，主要表现为没有具体部门专职负责界定清晰的业务案例和制定相关策略，对运用大数据有各种顾虑，缺乏有实战经验的各种大数据人才，以及相关法律的支持。

• 这类创新成功的诀窍在于自上而下，从主要负责领导层开始，通过确定与部门核心业务相关的大数据用例，分析现有数据，界定所需大数据，设计大数据功能需求、应用方向和展望后，确定符合创新需求的大数据团队资源（内部选拔或外包）和应用工具（软件、硬件、运用平台等），经过创新风险监控和严格测试，最终获得超级用户（各级负责领导）和普通用户（运用大数据的政府各相关部门人士）的认可。

大数据公共教育创新

政府运用大数据的范围很广，包括交通管理、公共教育、卫生与健康、网络安全、天气预报与污染治理、国家安全甚至目前正在赢得全世界关注的反腐败努力等，这里选择教育来进行专门讨论。

公共教育是各国各级政府的基本职责之一。在今天中国面临复杂棘手的教育系统改革之际，运用大数据技术促进教改，刚刚在中国启动。美国等西方发达国家对运用互联网改造和颠覆传统教育早在 10 多年前就进行了专门的研究和相关的实践。其中以哈佛大学的颠覆性创新大师克里斯滕森为代表，克里斯滕森最热衷的话题就是运用全新教育方法和模式对美国教育体系进行革命性创新和改造。随着大数据在各领域开始加速应用，远程教育在高等教育甚至初等教育中的应用也初见成效，其核心经验就是通过（移动）互联网、手机应用软件、学习机器设备等收集教学互动、学生网上学习、讨论、知识共享、贡献轨迹和痕迹等数据，对学习、教学过程实施有针对性的实时干预，从而设计出个性化的高效的学习、共享模式及相关学习反馈史，以及闭环过程与新知识贡献突破等高附加值数据，从而做到既满足多数人的公共教育目标，又帮助少数学习吃力的学生，同时还促进资优学生最大程度发挥其学习和创造潜力。充分利用教育大数据做创新是未来各国颠覆性教育创新的又一个新方向。

在美国，这种教育大数据创新主要由政府和企业围绕公共和企业利益展开，其中又以非营利公共教育为主要驱动力，以亿万富豪比尔·盖茨等社会名流、全球创新领军企业谷歌为主要倡导者，各大智库为吹鼓手。通过共建各种免费学习课程、视频和创新项目，并发布在各种公益性网站和平台上，供从小学到大学的学生自由选择学习，目前甚至还开放了工程和化学等需要动手做实验的传统课程。如果你常用这些学习软件，就会定期收到有关你学习的详细数据分析报告。目前，美国一些州如科罗拉多，就开始引入大数据技术，改造其中小学教育体系。

在中国，由于教育目前主要为政府主导，这类服务创新要想跟上西方发达国家的步伐，以此为契机培养创新人才，有以下几点可以借鉴：

1. 政府拨出专项教育基金，招聘有工业界经验的、深谙世界大数据潮流的专业人士到各大学、研究所培养专门的大数据人才。学习美国的理论与实践相结合的方法，可以在短时期内（一年到两年）迅速培养出一大批具备基本知识和技能的人才。

2. 政府出资与大数据企业合作，创建全国性的公益学习网站，设计并公开各种学科的全新教学创造互动课程，通过收集到的相关大数据，分析学习行为，改进课程和教学互动方式，提高学习效率和提供公平学习机会。鼓励和促进学生、老师不断贡献新知识，形成新的大数据。

3. 政府通过与社会资源合作，利用大数据创新，开发基于市场需求的职业教育和实践技能培训，倒逼现有教育体系改革。

4. 政府通过改进免费的互联网大数据教育内容，实现全民终身学习目标，为社会培养和提供高素质生产力。

▣▮▮ 案例 ▮▮▣
深圳"织网工程"大数据实录

问题

作为中国改革开放的窗口，深圳经过 30 多年的经济快速发展，像一个巨大的磁石一样，不断地吸引着全国乃至全世界的移民涌入。在造就了社会和科技一个个创新奇迹的同时，迅速工业化、持续膨胀扩张的城市化进程，也给政府的公共服务也带来了沉重压力，土地、资源、人口、环境、社会治安等问题和矛盾日益突出。据统计，到 2013 年年底，深圳已有人口 1 600 万，而有正式户籍的人口却只有 304 万，按现行法律和规定，地方政府在制定政策、安排财政预算方面，通常仅以户籍人口数据为测算依据，而那近 1 300 万常住非户籍人口，尽管他们中有些还是直接或间接地给当地政府纳税，其工作和生活上的各种需求，却一直被排除在常规的公共服务覆盖范围之外。在遭遇诸多不便的同时，捆绑在户籍上的教育、社保、择业、薪酬等方面的不公平待遇，还导致他们在心理上成为社会"边缘人"，难以对所居住、生活和工作的城市产生真正的归属感，从而也就可能没有足够的公共责任意识。如何解决这类人群及其子女的教育、就业、社会保障和管理等问题，是深圳这个典型的移民城市长期面临的一大难题。

在典型移民城市遭遇上述经典问题同时，由于政府各部门间的"数据割据和信息壁垒"现象严重，不同部门间缺乏数据分享和整合机制，没有一个部门能掌握全面准确的人口、法人、房屋等市政管理所需数据，没有一个部门能够精确把握其服务和管理对象，这就造成"政府部门虽已将市民户口、学历、婚姻、计生等各种信息记录在案，但具体办事时还需要老百姓跑来跑去到处开具纸质证明"的现象。

化解这一难题的有效方法，对非户籍常住人口而言是以实有人口为依据进行公共财政预算，继而配以相应的公共服务，从而做到对整个深圳市常住人口底数清、情况明、信息畅，才能对其实现有效的服务和管理。对户籍常住人口来说，则必须全面、完整地获得这些数据及其变化动态，并及时分析、在部门间进行分享。深圳市以"织网工程"为契机的大数据社会系统工程就是在这样的社会背景下应运而生。

大数据业务用例

通过确认和收集深圳市的人口、法人、房屋和政府各部门业务库等基础公共服务大数据，建立政府政务大数据共享交换平台，进而对这些数据的共享交换情况进行监控，同时对这些大数据进行实时分析，为政府部门提供公共管理和决策支持，以提高公共服务质量和社会满意度。

确定所需数据

"织网工程"自 2012 年展开，先从深圳的南山区招商街道和龙岗区南湾街道进行街道级试点，起初是采集街道人口（如总人数、户籍或非户籍、姓名、性别、年龄、学历等）、法人（商事主体、社团等）和房屋（办公、仓库、民用等）数据，据此建立公共信息资源库，招聘网格信息员以收集、核实其所辖社区和街道所需各种数据并初步成立了社区综合信息采集系统、社会管理工作网、社区家园网和相应的决策分析支持系统，简称"一库一队伍，两网两系统"的基本架构。以此新的信息技术架构、相关数据和服务配置为基础，街道提供相应的公共服务。在取得了一定成效后，2013 年 4 月起，在坪山新区开展区一级综合试点工作。2014 年"织网工程"在深圳各区全面展开，所确定的相关数据跨越市政管理、民生服务的各个主要业务部门，包括社工委、出租屋综管办、经贸信息委、综治办、民政局、公安局、教育局等 36 个市直部门。

数据收集与管理

在确定了政府施政所需的重点数据后，如何收集、核实、储存、管理、整合和运用这些数据就成为摆在各区政府职能部门面前的诸多挑战。凭借当初特区政府成立后在各种难题面前所表现出来的创新精神和执行能力，这些挑战和难题在新一代深圳人面前也逐一得到解决。

在数据收集方面，他们结合所管辖社区类型、人口数量等情况，通过科学测算，确定信息采集工作量，将各社区划分为若干个基础网格。基础网格又再划分，由各区网格管理机构会同国土规划、计生、公安、民政、城管等部门，以现有流动人口和出租屋综管队伍为基础，整合计生、城管等其他从事基础信息采集工作的相关队伍力量，组建网格信息员队伍。网格信息员在社区综合党委、居委会、工作站、物业管理公司、社区民警、楼栋长和志愿者的协助下，动态采集网格内的实有人口、法人（机构）、房屋、城市部件等基础信息数据以及市（区）相关单位的业务数据、矛盾纠纷和问题隐患等事件信息，及时核实居民、法人（机构）主动申报的数据，并为社区居民提供力所能及的便民服务。

与此同时，各区也为方便网格信息员数据采集，为其配备了移动智能采集终端，安装、使用全市统一的社区综合信息采集系统终端软件。网格信息员把采集到的相关数据统一上传到市社区综合信息采集系统（库）。

通过市政务信息资源共享交换平台（以下简称市交换平台），将基础信息纳入市公共信息资源库，业务信息和事件信息分发各区"织网工程"综合信息系统自行分拨处理。

市公共信息资源库包括人口、法人（机构）、房屋、城市部件等基础信息资源库，矛盾纠纷问题和隐患事件、社会信用、市场监管等主题信息数据库，以及市（区）相关单位的业务信息库。其中，基础信息资源库通过网格信息员实地采集的基础信息和相关单位的业务信息关联比对方式构建。

各市政部门及时在市政务信息资源目录系统中编制本部门的信息资源目录，并统一通过市交换平台进行数据共享交换，不另行建设部门之间交换平台，杜绝了重复建设和浪费。相关单位按照业务职能，实时提供并更新公共信息资源库中的相关数据，并通过市交换平台提供服务查询接口，从而彻底打破部门间数据割据状态。

统计数据运用

在拥有了所需的可靠数据之后，各区政府依次开始建设数据分析和相应的决策支持与管理服务系统。包括：

1. 统一开发决策分析支持系统。依托市级基础数据资源库，统一开发市级决策分析支持系统，为各部门提供与电子地图关联的人口、法人（机构）、房屋、城市部件、公共基础设施、事件、网格等基础信息数据的查询、统计、分析服务。

2. 分类开发主题应用。市直各部门基于基础信息资源库精确数据，为满足决策分析应用需求，与牵头单位共同在市决策分析支持系统上统一开发。责任部门在排除隐私数据后，还利用共享主题信息库自行开发特定业务主题应用。

3. 深化社会管理工作网建设。依据所获各种社会管理数据，各区政府按照"及时发现、联动化解、限时办结、反馈评价、监督考核"的要求，发挥社会管理工作网作为政府受理、分流、调处、整治社会矛盾纠纷和问题隐患事件有力工具，并据此指挥、监督、考核各项业务，完善事件分类和分级处置机制，强化各级各部门之间的联动协作，全方位掌握基层的矛盾纠纷和问题隐患数据，从而及时发现和处置各类社会事件，提升整体社会管理综合治理水平。

4. 完善社区家园网建设。设计和开发市、区相关网站并做到各种数据资源共享，优化市级社区家园网门户，统一后台管理系统，完善基本模板，增设手机网站、微信等应用模式。积极引导和鼓励社区居民通过社区家园网参与社区事务、办理个人事项、享受公共服务，促进社区自治发展，提高社区管理和服务水平。

5. 积极拓展民生数据二次应用开发。各社会管理服务部门应以民生需求为导向，积极将现有的教育、医疗、计生、民政、社保、就业、住房建设等社会建设领域管理服务应用系统，接入"织网工程"，并基于市公共数据信息资源库拓展二次应用开发，形成统一的社会建设电子政务应用体系。逐步推进政务信息资源面向社会开放，鼓励企业和公众合理使用不含隐私信息的基础数据，为社会提供个性化服务和增值服务。

政府办事效率大大提高，服务创新成果显著

各区现在为居民办理行政审批和服务事项时，会主动引导其完善有关信息登记。市公共信息资源库已有的证照等信息，不再要求居民提供相关纸质证明。这就大大减少了政府重复审核已有文件的过程。

在获得了政府各部门采集的数据基础上，"织网工程"对重点业务流程进行整合，形成了全服务平台。比如市民现在到政府办事，由从前的"指定窗口"转变成"综合窗口"一站式服务，大大方便了广大市民。各大社区还为市民提供了基于全市公共信息数据库的"易办事"自助服务终端，每天24小时全天候服务。市民找到设置在街道、社区的"易办事"自助终端，提供自动识别的二代身份证，就能使用材料自动电子化、自动打印办理回执等功能。

居民在社区家园网反映民意、诉求，会有专人通过社会管理工作网及时分拨给相关部门跟进办理，并将办理情况及时反馈给居民。通过登录家园网可以轻松完成居民议事、网上办事、调查投票、活动报名等事项，实现足不出户就可参与社区事务、办理个人事项、享受公共服务，促进社区自治发展，提高社区管理和服务水平。

2013年5月，利用"织网工程"公共信息资源库这一平台，深圳市中考报名校验系统仅用4个小时，就完成了对全市7万名考生信息的校验工作，而以前要完成这项工作，需要3个职能部门5天的时间。

"织网工程"的推进，基本实现了市、区、街道和社区四级社会服

务管理网信息系统上下联通，线上线下的群众诉求都汇集到"织网工程"平台，转为事件交办给相关单位和责任人办理，既能缩短管理链条，快速响应处置，又能及时反馈给群众，迅速消除隐患。

政务大数据平台建设和数据挖掘分析

随着各部门实时收集的数据量剧增，及时处理各种不规则数据（监控视频、各种图片数据等）及其变化开始让基于统计数据的市级基础数据资源库和相关分析工具力不从心。走过其市交换平台完善阶段后，在全面正式运行阶段，将现有的市交换平台升级到政务大数据平台已迫在眉睫。从 2015 年起，深圳市除福田区开始采用大数据系统 Hadoop 的集群服务器设备做试点外，整个市交换平台开始向全国公开招标大数据挖掘服务，以达到数据资源可视化（实体数据、数据量和数据源分析），数据更新实时监控，大数据算法分析和数据挖掘等，从而开启了深圳市政府正式进入以大数据管理政务、支持决策和服务公众的新时代。

案例点评

与时下一些地方热火朝天地进行大数据项目建设相比，深圳市的做法特别值得关注。其始于业务需求，启动于各业务部门的"小数据"收集和管理，在测试了社会上对此新式服务模式的初步反应后，依据反馈，调整具体操作流程和管理细节，然后逐步建设和推进真正意义上的、各职责管理部门可共同分享的、经过实际运作和时间检验的、统一的政府大数据平台。为形成一个基于大数据支持的政府决策和公共服务创新解决方案打下了坚实的基础，形成了一个非常有益的政府大数据创新范例。

▨▥ 案例 ▨▥
青岛政府大数据服务创新

问题

从新"三座大山"之一的"上学难",到政府办事难等,这些问题一直是各地民众关注的焦点。在很多城市里,由于政府各部门之间缺乏便捷的合作、沟通、协调渠道和高效的公共数据分享机制,居民为了办一件事(如注册/注销企业,孩子入学,异地办理和报销医疗费用等),往往要拿着各种证件,亲自去各政府单位,跑很多遍,花很长时间,才能把事情办好。而政府所要求核实的很多证件往往就是自己不同机构签发的。如何利用电子商务和信息化技术协调政府各部门工作流程、从而整体提高办事效率?如何打破传统的政府电子政务与服务对象只有自上而下而无自下而上的沟通方式?如何依法开放政府掌握的数据从而最大程度发挥其价值?如何运用大数据技术做政府服务创新?这些问题是当前很多地方政府面临的、建设民生工程的挑战。青岛市政府走了一条与众不同的路。

大数据业务用例

随着互联网技术在全球范围内的兴起及其在公共服务领域的初步应用,青岛市委市政府从 1996 年的时候就开始规划尝试如何通过政府的电子政务来协助解决民众办事难的问题。到 2002 年青岛市委市政府就明确了建设电子政务的规划纲要与目标:把政府的许多服务项目放在互联网上,形成管理、服务一体化的网上办公环境。为公众提供全面整合的一次性统一数据获取、诉求表达、事务办理等一站式服务。按照开发平台、身份认证、内容管理、服务展现、信息交换、申报、反馈、搜索、支付、评价"十统一"的要求，建设了全市统一的网上"政务便民服务大厅"，包括"市民一站通""企业一站通"和"我的政府一站通"三大服务体系，整合政府办事服务2 400多项，政务服务网办率已达到53%。政府内部跨层级、跨部门打破"数据割据"和"信息孤岛"状态，实现公共数据共享、业务协同。通过这种统一的集约化服务模式，青岛市建立了60多个部门和10区市政府"一站式"与市民沟通和为民服务渠道，实现了市民诉求网上统一受理、分办和反馈，并实现了对办理情况的实时监控和统计。

建立了统一的政府信息前台发布和后台管理平台，形成了完整的政府信息公开数据库，实现了政府公开数据的统一管理、集中发布、实时公开、一站服务。目前已建成包括7项共性化目录、1 183项个性化目录的政府部门信息公开目录体系，发布信息80万条。

到2012年，青岛市已建成统一的政府办公电子政务基础平台，基本实现政务信息资源数字化，内部办公过程无纸化，对外审批服务网络化。初步形成网络环境下的"数字化政府"，可为社会公众提供基于互联网的"一站式服务"。

迈向大数据时代的电子政务

在建成了政府办公电子政务基础平台后，2012年，青岛市对其又进行了全面的云计算的改造，其政府机关内部网络已全面覆盖所有的乡镇和街道居委会，外部网一直延伸到社区和村。电子政务后台是云计算中心，有基础设施的共享服务、平台的共享服务、软件的共享服务和数据共享服务。在运用移动互联网和社交媒体技术方面，青岛市还创立了移动办公和服务的8个板块：手机移动办公、微信版网络问政、微信版政府信箱、微信版办事服务、青岛掌上提案、移动执法、网上便民服务和公务员网上交流平台。

经过 12 年多的运营，电子政务平台在互联网、移动终端和传统的政府各业务部门已沉淀了海量的不断变化的复杂数据，如何最大程度发挥其中的价值，进行深度挖掘和关联分析，据此预测和发现政务工作中的各种问题并加以应对，是大数据时代的新问题。为了应对这个挑战，青岛市联手浪潮集团等软件企业，在传统电子政务平台的基础上，设计打造了青岛市大数据开放平台，主要由数据中心、核心服务和数据开放网站三部分组成。其中，数据中心统一存放要对外发布的政府数据，包括政府数据、数据目录和数据描述定义；核心服务是对数据开放网站提供的支撑服务，包括数据申请服务、交换服务、数据发布服务、数据分析服务和运维监控服务；数据开放网站（爱城市网）是数据开放服务的载体，是面向社会的窗口，主要包括数据开放服务、App 应用、数据目录、开发者中心和互动交流版块。这个全新的大数据开放平台云计算架构（可混搭公有和私有云服务）可水平扩展到 4 000 个节点，满足百万级以上用户的高并发访问和海量数据处理，采用分布式计算技术的随机查询每秒超过百亿条，完成 10 亿条数据全表扫描不超过 10 秒，百亿条数据全表扫描仅需 12 秒，可实现各种信息资源在不同应用之间的共享和交互操作。与此同时，针对政府和企业信息化的需求，该平台还增强了系统安全和数据隐私方面的保护，在访问者认证授权、凭证管理、监控等方面也采取了全面的措施。

该大数据平台的建成，可以为政府部门提供各种数据资源和服务，为企业和个人提供政府数据的再利用，并鼓励企业或个人利用政务数据开发特色应用，在提升数据利用率的同时推动创新产业和增加就业机会，从而创造有更多惠民价值的子应用平台。想买学区房？在教育部门的数据公开后，市民通过"爱城市"网就可查询到所购房属于哪个学校的学区，以及这个学校覆盖的区域，能够准确、快速地做出购房判断，避免房地产商或卖房者误导，买错学区房。想识别假药？当药品监管部门将药店基本信息向社会开放，相关企业就可根据这些数据开发出类似"找药"的应用，市民随时可查询出所需药品在离家、办公地点、酒店等最近的哪个药店出售，进行比价及真伪药品辨别。可以展望的是，在不远的将来，这个基于政府开放大数据的公共服务平台，除了提供与市民生活相关的公共服务、生活服务、政务服务等一站式的综合服务外，借助平台的数据挖掘和分析能力，这种智慧城市的应用典范也可以让公众像在京东和淘宝网上买东西一样，方便快捷地获取政务的、公共的、社会的在线服务，涉及与市民生活息息相关、社会关注度高的便民信息、教育培训、公共事业、交通出行、社区服务、医疗卫生、旅游环境、社会保障等领域。同时，通过此平台，将汇集一大批中小微企业充分利用政府开放的数据和服务接口进行再开发、再创新，围绕平台开发相应的服务应用，逐步形成新型规模产业群，促进城市服务繁荣发展。

运用大数据、云计算技术建设智慧城市的努力，可以在更深和更广的层次上推动市政务在满足一般公共服务需求的同时，为特定目标人群提供更精准、更有效的服务。在提高政府服务质量的同时，也会激发公众参与公共事务的激情，从而实现对社会运行数据的再贡献、再创造、再挖掘和再应用。市民与政府的各种互动，也不断为大数据平台贡献新数据，最终使其进入持续发展的良性循环中。

案例点评：

　　审视青岛和深圳市的政府大数据服务创新之路可以发现，它们都遵循了先小数据后大数据的原则，先从具体业务入手，确认所需数据，通过相关信息技术，采集、储存、处理、分析、运用相关数据，创新政府线上和线下服务项目，在积累经验、试错后再快速改进，最终形成各自独特的高效务实、可操作性强的政府大数据服务创新方式。这与美国联邦政府 2014 年根据地方政府经验教训总结出的政府大数据服务应遵循"自下而上，先个别部门后集中协调"的指导方针完全不谋而合，展示了天下大道相通的异曲同工之妙。

第十一章　大数据个人运用创新

　　运用大数据做个人创新有很多种方法。中美市场上有大量有创意的个人。这些人运用大数据做个人研究、经营和创业的方法也独具匠心。以下是笔者根据自己为中美一些创业家提供大数据创新咨询和研究成功初创企业创业经历的一些总结，希望能对那些计划运用大数据做创新的创业家有所启发。

利用大数据搜索引擎寻找商机

　　谷歌、百度这类世界著名搜索引擎由于其数以 10 亿计的用户和他们每

图 11-1　大数据个人运用创新

分每秒使用这些引擎的搜索数据，很容易让其成为大数据应用的领航企业。通过这类搜索引擎整合到的全球信息，使每个人搜索所需知识和信息成为可能。但除了通常的搜索功能外，这类企业往往还提供其他免费软件工具，进而将所储存的大数据转化为对个人有更深层意义的洞察力。比方说，如果想设计一款受到市场欢迎的玩具，如果目标市场在海外，您可以登录谷歌并利用"谷歌趋势"这个功能，通过搜索关键词（比如说"需求最多的玩具"）及相关术语，谷歌会立即搜索其庞大的全球数据资料库，进而将全球用户搜索过的玩具关键词归类并检索出来，不到一秒的时间里，您就可以看到诸如迪士尼电影《冰河时代》人物玩具、"乐高建造模型"、玩具"无人飞机"等搜索率最高的相关关键词。通过这些大数据搜索，您足不出户就可以对市场需求趋势有所了解，发现潜在的商机，进而研发相关的或可替代的玩具，然后把这种玩具产品及其宣传放到自己的网站上，供世界各地的用户搜索、选购。如果您的玩具目标市场在国内，您可以利用百度或其他社交媒体提供的搜索功能，输入关键词如"2014 年最流行的玩具""2014 年 13 岁孩子最流行什么玩具"等，百度会为您列出一系列相关的热门玩具搜索结果和相关的厂家广告。通过分析这些结果，您可以对国内流行的玩具趋势有所了解，如果再结合海外的市场调研，可以形成一些独特的、基于市场高度认可的玩具创意。

通过跟踪社交媒体改进产品服务

无论是一家小网店、一家餐饮店、一家设计工作坊还是任何一种有增长潜力的小生意，要想进行高质量的竞争，做持续的产品或服务创新自然是王道。如何根据市场的反应来对现有的产品服务组合进行各方面的创新改造？您可以通过时下流行的社交媒体，以最小代价做到这点。比如通过微信、微博等社交媒体，您可以从多方数据源获得客户对您的产品服务的意见数据，以及您的竞争对手在做什么等信息。通过这些数据，您在社交媒体上和实际生意经营中可以更用心地解决问题，客户还可以跟您互动，有时甚至可以把一个对您生意有偏见的客户转变成您的生意品牌代言人。

网站访客数据量化管理创造商机

假如您已经有一个生意或个人兴趣网站，如果您想让它通过广而告知来扩大影响、吸引访问流量，或提升业务销售量，您也许想知道平常都有哪些人来访问您的网站和他们的各种信息数据。这时，大数据就可以充当您的好帮手。目前这种网站访问分析软件很多，还有不少是免费的。根据您的需求和预算，选择一款适合您的网站智能分析软件，把它装在网站上后，很快您就可以获得网站访问者的各种不断变化的大数据，如他们来了多久，待了多久，他们的性别、年龄、收入、教育程度，有多少人经常在哪些城市或省份活动，他们来自哪些城镇，他们可能的兴趣和购物行为等数据内容。总之，一旦您了解了您网站的访问者及其数据，您就可以有针对性地开发他们感兴趣的、与其行为相关的服务或产品，这样当您与他们在线互动时，就可以找到新的商机。

小型文本文件或"小甜饼"（cookie）是指互联网网站为了辨别其用户身份而储存在用户本地终端（Client Side）上的数据。这种成熟的、用以收集终端用户数据的技术用途非常广泛，几乎所有电子商务网站都会利用其来收集用户的各种信息。如今通过购买这种由各种网络"小甜饼"收集到的海量用户网络数据，并做适当调整，可以大大提高您网站针对特定目标受众而设计的商业广告效应。例如"小甜饼"众多技术中有一个被称为"重新定向"的技术，它的工作原理是您付一定费用给研发"小甜饼"产品的企业，让其为您企业量身打造个性化的"小甜饼"。这样当用户从其电脑访问您的网站时，"小甜饼"就会自动将您的网址下载到其电脑上，然后每次当用户打开电脑浏览器时，"小甜饼"就会自动开启广告提醒该用户再次回访您的网站。与此同时，通过这种"小甜饼"收集到的用户海量数据也会源源不断地传回您的企业，供用户行为分析和产品服务创新之用。

由于"小甜饼"是一种非常成熟的信息技术，反向考虑，如果您想运用大数据做个人创新创业，也可以考虑通过帮助众多企业或政府研发这种"小甜饼"技术，收集和分析大数据，从而在创业的同时，帮助客户提升其产品服务质量，增强品牌效应和影响力，最终成就多赢。

运用自身掌握的大数据技术创业创新

对于那些已经在中美大数据企业里摸爬滚打过几年的资深数据科学家和技术人员而言，运用自己掌握的基本的大数据技术和从业经验，继而进行个人创业是 2011 年以来的潮流。由于大部分大数据分析技术和各种研发、测试工具都基于公开的开源代码，花费很少就可以把所需数据储存在云端，利用这种相关技术做创新一开始不需要大笔投资。这些人士大多会寻找与自己背景和工作经验类似或互补的合伙人做创业伙伴，在自有、机构或天使投资的帮助下，根据已有或潜在客户的商务、政务需求，运用大数据技术选定创业创新方向（如数据收集、储存、管理、分析、可视化等），以提供产品或商务技术咨询服务的形式开始，满足现实或潜在的需求。在第一款产品研发或咨询服务获得市场青睐后，持续研发产品组合系列，持续改进和扩大咨询范围和增加获益较快的企业客户，扩大市场占有份额，帮助政府开发各种大数据解决方案等，这些都是当前个人运用大数据创新的趋势。值得注意的是，不是所有掌握了大数据技术的个人创业都可以成功。失败的还是大多数。最关键的原因是烧钱太快，产品变现太慢，跟 2000 年互联网泡沫破灭时的教训一样。本书的案例也有专述。如何在创业之初就吸取中美创业企业的成功经验和失败教训是这些创业家需要特别注意的问题。

▰▮▮ 案例 ▮▮▰
人人可用的大数据魔镜

中美运用大数据技术做产品或服务创新的实践说明，大数据不只是成熟企业创新的"专利"，个人创业者也可以利用它成就创新创业梦想。马晓东，国云数据创始人、"大数据魔镜"发明人，就走过了这样一条创业之路。

梦想创业

马晓东 2006 年以宁夏固原市高考状元的身份进入湖南大学，在技术团体担任主席，接触到世界上最顶尖的分布式计算技术。通过带领团队完成与谷歌、IBM 多个合作项目以及其他对外商业项目，他不断提升自己的技术和领导力，并且获得了社会各界认可。2010 年大学毕业后，带着对互联网的憧憬和热爱，他加入杭州阿里巴巴集团，一边工作，一边怀揣他的创业梦想：亲手创建一家伟大的、可以影响中国乃至全世界的互联网公司。在阿里巴巴，他的技术水平和视野都有了飞速的提高，在淘宝核心部门担任数据项目负责人，并有一项自己的发明专利。2011 年，他放弃阿里的高薪开始创业，成立"苏州创想科技"公司。第一个项目是做一款中国的 timeRAZOR——"愿望盒子"——即基于一个计划，通过互帮互助实现愿望的社交网络。它可以提供基于"计划、备忘、愿望清单"和"LBS"（基于位置的服务技术）实时推送商业信息，帮助有愿望的人找到同好和天使投资人，互帮互助实现愿望，同时拓展二度人脉，让实现愿望变得简单。由于资金和场地有限，当时他和其他三位创业者只好在寝室办公，每天基本上都待在寝室，累了上床趴一会儿，饿了煮点儿面吃，其余时间都在工作。这样一天 15 个小时的工作一直持续了半年左右，终于开发出来第一款社交产品。但由于资金、经验不足，对市场认可程度预期过高，新产品运营成果不理想，创业失败。这是他和创业团队遇到的第一个重大挫折。

发掘大数据价值

失望和挫折感并没有让马晓东放弃追梦。他静下心来，反思团队的现状、优劣势及团队的定位和发展方向，结合自身的特点，对未来前景进行了详细的分析，最终选定了大数据这个方向。当时大数据在中国才起步，中小企业需花费大量人力物力去做数据分析，效果平平。传统的数据分析要求高，企业的数据分析大都由分析师来做，门槛更高，无法形成体系化。无论是在淘宝还是其他企业，他发现企业业务与大量数据之间存在难以缝合的裂缝。如果能研发出一款价廉物美、让完全不懂技术的普通人都可以进行数据分析的数据产品，就像傻瓜照相机一样，这款产品应该会受到众多企业客户的欢迎。

马晓东决定把这些繁杂的数据翻译成人人看得懂的图表，实现数据的可视化，便于企业使用，使商务智能产品以最低廉的价格落户到各个企业，为它们解决数据分析难题。他运用多年的大数据从业经验，在巨大的研发工作量和从无先例的困难压力下，凭着突破自我和改变现实的勇气，新公司"苏州国云数据科技有限公司"在他的带领下成立，而其新产品大数据可视化分析工具——"魔镜"于2011年底完成，并得到试用企业满意的反馈。

初战告捷后，他马上规划了从点到面的"魔镜体系化"发展战略，即开发不同版本的、针对不同特点的大数据可视化产品，让不同企业按照不同角色来进行数据挖掘，分析决策，从根源上提升其信息化和管理水平，改变传统的思维定式和低效率。真正实现高效协作、精准决策，使之成为现代企业新的核心竞争力。经过日夜艰苦快速迭代研发，2012—2013年，这个初创小企业的大数据可视化分析工具——魔镜系列，既获得了多家企业的认可，又得到政府用户的肯定，并得到了良好的市场反馈。2013年国际精英创业周，马晓东获得创业大赛第一名；2013年度他又被评为黑马大赛十大红牛创业榜样。

苏州地区政府看好"大数据魔镜"，给予资金支持，同时任命马晓东为大数据项目负责人，负责智慧城市的大数据项目规划和实施，此举也被国家录入《智慧城市经典案例》全书。马晓东被《创业家》等多家杂志专题报道，被誉为"中国100位大数据领军人物"。

大数据研发定位

随着大数据组合产品的逐步完善，马晓东公司的战略定位也越来越清晰，即专注于云计算和大数据相关技术产品的研发，致力于帮助客户理解数据的意义，挖掘数据背后的价值。公司为企业客户提供专业的数据可视化分析、挖掘的整套数据解决方案以及技术支持，让企业客户的数据商业价值获得最大化回报，帮助其在商战中独占鳌头。产品适用于精准营销、销售分析、客户分析、市场监测和预测分析、KPI（关键绩效指标）分析、财务分析、生产及供应链分析、风险分析、质量分析、业务流程等多个业务。

商业模式创新

传统软件企业的商业模式主要是通过卖系列软件产品与服务营利，而国云数据则将软件工具以低廉的价格提供给企业客户使用，主要侧重于出售服务营利，以服务的形式锁住客户，进而产生持续稳定的现金流。大数据魔镜完全打破了目前市场上商务智能软件工具价格昂贵的现状，它的云平台版和企业基础版完全免费，其他高级企业版和 Hadoop 版价格比市面上同类产品优惠 50%—90%，产品可视化渲染速度快，在国内众多可视化的同类产品中算是性价比最高的，在大幅降低企业购买商务智能软件成本的同时，使中小企业用得起也愿意用，无形中就释放出中小企业巨大的市场需求。

产品创新

大数据魔镜产品系列涵盖了传统商务智能软件的可视化功能，但正在逐渐颠覆这个行业。传统企业由于受到商务智能复杂难用、培训时间长而且价格昂贵的限制，只有少部分企业和这些企业中的少部分中高层管理人员可以驾驭这些工具。而在大数据时代，魔镜产品简单易用，效率至少提升10倍，让所有企业、所有人都可以像使用傻瓜相机一样轻松使用商务智能软件，从而真正实现了企业自下而上的数据民主。具体表现如下：

1. 企业一线业务人员是最能发挥数据价值的用户。传统的商业智能从数据确认、建立数据间逻辑关联、设计可视化界面、搜索所需数据、形成各种仪表盘和生成报表的整个商业流程复杂，数据间协调和配合涉及各部门众多人员，掌握和使用门槛高，需要具备一定的专业技能。而魔镜的使用流程非常简单，无须下载安装，只需要一分钟设置配置并对接好所需数据就可以进行简单的可视化应用了。有了这个易学易用的工具，以前需要众多员工协作3天的报表生成和数据分析工作，现在一个受过简单培训的普通业务人员3分钟就可以搞定。在省时省力省钱的同时，也让一线员工通过掌握业务数据，大大提高了工作效率。

2. 大数据魔镜产品能够支持企业快速构建整套数据挖掘体系，让具体业务部门人员更懂数据及其价值，从而帮助其更精准、更高效地处理和协调好本部门和其他部门的工作，最终提升企业的整体竞争力。

3. 与传统商务智能软件不同，大数据魔镜不是简单地让业务人员生成报表，它还可以对用户输出的结果提供提示和决策建议，这样使得用户可以对各种数据分析和报表快速响应，为最终决策提供更加精准的数据支持。

4. 大数据魔镜产品支持跨平台多场景，支持移动商务智能，支持全景分析，让普通业务人员随时随地都能通过各种移动终端，进行实时数据分析和查看结果。

技术创新

国云数据团队由 IBM、淘宝、阿里巴巴、英特尔等数据领域从业多年的专家组成。他们吸取了阿里巴巴淘宝和其他大数据成熟企业的经验教训，从大数据整体架构选择（含 Hadoop 等大数据技术）、数据流程管理到用户界面展示设计细节都做了大量革新，采用了很多全新创意，如仪表盘、多酷炫图表类型支持、多数据源支持、全景分析、权限管理、安全支持、魔镜移动 BI 平台、数据仓库、动态酷炫图表、跨表分析和多源图表、内存分析、多平台数据源支持、增值和定制化模块等丰富的功能，充分满足客户的需求，主要表现在以下方面：

- 仪表盘拥有多种分析图表类型，给使用者带来全新的视觉享受，便于企业管理者把握全局，运筹帷幄，精准决策。简洁直观的界面，以多种图表类型充分分析和展现了各类数据，为管理者和分析人员提供了决策的依据，帮助洞察企业问题并发现商机。

- 对多种常见数据库软件的连接，包括 Mysql、SqlServer、Oracle、Excel 等数据源，用户只需接入数据源进行数据配置和管理，就可以按照需求进行拖拽分析，产生分析结果，指导下一步的决策。

- 通过魔镜可以将企业积累的各种内部和外部数据，比如网站数据、销售数据、ERP 数据、财务数据、淘宝数据、社会化媒体数据、Mysql 数据库、Excel 等等，整合在一起进行分析，无论是领导，还是市场人员、销售人员、普通员工都可以使用魔镜实时支持商业决策，快速做出准确判断，从而产生价值。

• 通过魔镜的权限管理，企业可以瞬间搭建淘宝级别的企业数据价值挖掘体系，增强团队协作能力。企业只需要安排一个管理员来分配不同角色的权限，然后不同角色的人员就可以通过权限管理功能，对所进行的分析权限和数据权限自行配置，实现数据化管理体系。在这样一个体系中，运营决策者可以全面监控整个企业的数据情况，IT 人员可以从烦琐的数据收集整理中解脱出来，分析师可以升级去做更深层次的挖掘工作，而业务人员也可以利用实时数据精准决策。

• 为了绝对确保用户的数据安全，魔镜采取了两个方面的措施。第一，魔镜自身的安全保障，采用 https 和反向 ssh 技术来保障数据的传输安全。第二，一旦接入数据源，魔镜即与用户签订了安全保障协议和敢赔协议，如果数据泄露是由魔镜引起，魔镜则会对用户进行相应赔偿。

• 魔镜移动 BI 平台可以在 iPad/iPhone/iPod Touch、安卓智能手机、平板电脑上展示 KPI、文档和仪表盘，不仅仅是查看，所有图标都可以进行交互、触摸，用户可在手掌间随意查看和分析其业务数据。无论用户是在开会、坐车，还是在家，都可以使用魔镜移动 BI 平台实时查看和分析数据。

• 魔镜通过数据获取、数据清理、数据整合的技术，针对企业不同需求，为企业建立数据仓库，包括传统数据仓库、Hadoop 数据仓库、新一代动态数据仓库等。

• 魔镜的动态报表可以实时展示数据库最新数据，帮助使用者和决策者直观看到数据的动态和变化，更有效而快速地获得决策依据和行动策略。

• 魔镜支持同一个图表、同一个数据库的多张图表的组合分析，在同一个仪表盘中，用户可以在多个图表的展示中使用多个数据源的更新，从各个来源全方位地得到想要的分析结果，保证了分析的灵活和有效。

• 魔镜内置了聚类分析、挖掘预测等高端数据挖掘功能模型，同时整合多种数据挖掘功能并根据行业和客户需求持续更新。

• 考虑到目前社会化媒体及各种平台数据对企业的运营带来了很大的影响，魔镜支持多种平台数据源，全方位地提供数据分析服务，从而保障企业数据分析的精确和全面。

• 魔镜拥有全国最大的数据可视化效果库，常规分析图表、大数据可视化效果、动态高级效果、3D酷炫效果以及定制化具象效果应有尽有，绚丽美观的同时富于现实意义和分析内涵，让分析从困难枯燥走向简易多姿。

• 用户使用魔镜，直接通过简单的拖拽就一步生成分析模型，

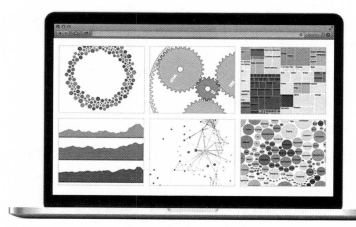

图 11-2　魔镜大数据的各种可视化呈现图

比如精准营销、客户分析、用户画像等，有力支持管理者进行商业决策，提高核心竞争力。

• 魔镜把对业务数据的分析转换成从数据关系图中查找符合条件最优路径的过程，系统根据权重自动排序，使得每个查询都使用最少的资源却以最高的效率计算。

• 魔镜支持对海量数据的分析和挖掘，处理数据达到 PB 级别。大数据魔镜在 Hadoop 上实现高效海量数据挖掘，基于 Hadoop 搭建高效数据挖掘框架，利用数据库来模拟链表结构，管理挖掘出来的知识，提供树形结构、图模型的分布式计算方法。很多传统 BI 采取基于内存式的数据计算，在数据量较大时，会占用较大的内存资源，对服务器的性能要求很高，导致计算缓慢或出错。同时在数据量大的情况下，很容易造成系统不稳定，影响操作的便捷和安全。

• 针对不同企业和用户的需求，魔镜提供了多个增值和定制化模块，包括可定制化图表支持，跨数据库、数据源支持，行业数据分析（项目），定制可视化分析组合，定制分析挖掘模型和解决方案等。

创新成果

到 2014 年为止，魔镜组合产品使用的企业客户已超过 1 万家，横跨制造业、电商、教育、医疗、电信、电子资讯、银行、软件应用、金融、保险行业、政府和高校。国云产品目前在技术层次和国外类似顶级产品处于同一水平，在国内同领域处于行业领先地位，而且也获得了资本市场的认可。

案例点评

据"产业信息网"整理的数据，到 2017 年中国的商业智能市场规模将达到 201 亿元。正如大数据魔镜这个名字，马晓东及其团队利用大数据技术创业，像变魔术一样，将企业客户的各种大数据变成容易操作并能支持其日常运营和决策的看得见的效果展示在用户面前，赢得了市场。马晓东的创业励志感言："让人人都能做数据分析，让企业都能用得起大数据。产品是企业的支点，只有客户说好，才能谈其他。大数据魔镜就是这个梦想使命的支点。"魔镜深谙中国企业特点，本土化服务到位，产品性价比高，一流的大数据可视化技术等竞争优势，有望在未来垂直细分行业里快速获得垄断地位，并直接分享行业成长的高红利。

■III **案例** ■III

腾云天下

市场需求

据 Gartner 2015 年 3 月统计，仅 2014 年，全世界智能手机销量就超过 10 亿部。中国目前有超过 7 亿部智能手机在使用。如何收集这些手机使用过程中产生的海量数据？如何清理、过滤、整合、存储这些数据并把它们和用户数据相连接？如何在分析这些数据的基础上，提高各种移动 App 的功能？如何与各类商业客户一起合作，在提高用户体验的同时最大化移动设备广告的影响和收益？这些都是大数据时代移动设备数据分析的挑战。在美国的 20 几家竞争对手中，雅虎的 Flurry 是这个行业的佼佼者之一。在中国，除了阿里的友盟之外，就是腾云天下科技有限公司（以下简称 TalkingData）。它由前甲骨文资深工程师崔晓波和其创业团队创建于 2011 年，团队核心成员主要来自 IBM、甲骨文、惠普等知名跨国企业。该公司 2012 年 5 月推出第一款产品（数据统计分析平台）后，8 月又正式推出了第二款产品，移动互联网广告监测系统，帮助企业客户解决移动应用广告推广效应的评估问题，同年就获得种子基金（五岳资本）青睐，2013 年完成系列产品组合的研发、上市，企业客户迅速遍及金融、保险、证券、航空、互联网（含移动互联网）游戏商、电商、汽车和快速消费品市场，于同年和 2014 年顺利完成 A、B 轮融资（北极光、软银和麦顿资本），并实现赢利。

大数据创新创业之路

对于初创企业而言，生存永远是第一位的，试错的风险代价很高，而选择创业创新的战略方向又决定了该企业生存的概率如何。由于崔晓波及其团队长期积累的技术和经验背景多涉及分布式系统和数据挖掘，于是火热的移动互联网和大数据就成了他们的选择。如何从产品研发上切入大数据领域并且做到尽快赢利是所有这类企业要考虑的首要问题，但对大企业来说，尽快、尽可能多地扩大市场占有率有时比赢利更重要，所以像 BAT 这类企业或其他商业和技术型企业在不缺资金的情况下，尽管相当多的大数据投资实验项目尚未赢利，它们仍在做中长期战略布局，即使失败也是创新试错的代价。而对于初创小企业而言，如果不能尽快地把大数据转变成企业收益，在自有和天使投资基金烧完以前，可能就被市场淘汰了。在大数据的几个 V 里面，其对客户的价值（value）就是变现最重要的环节。一切产品研发都应围绕这个营利模式来考虑。

界定大数据

不是所有类型的大数据都"生而平等"。有些大数据无法给特定用户在所需的时间里带来太大价值，不是垃圾就是噪声。而有些则可以通过数据深度挖掘和分析，为用户带来可观的商业价值。界定这类大数据，以此为研发方向至关重要。TalkingData 在创业之初尝试过做社交网络数据挖掘工具、推荐引擎。虽然这些从技术的角度看，帮助企业客户提高了其产品的技术指标，但由于这些努力过程中牵涉的各种大数据无法给客户业务带来实质性的影响，其营利模式和市场规模都不佳，无法支持 TalkingData 未来持续发展的各种愿景，最后都放弃了。后来他们认准了移动大数据（智能手机、触摸式电脑、传感器、陀螺仪、气压计、可穿戴设备等）这个方向做切入口和新产品研发。因为这种大数据对企业客户的运营至关重要，属于刚需。企业客户也愿意为此埋单，是大数据迅速变现的捷径。目前国内多数成功的大数据初创企业研发都遵循这个模式，即界定企业客户所需大数据，找到适合创业团队的切入点（大数据商业用例）做产品研发：做出一款受用户认可的产品，在此基础上，扩展功能，迅速迭代研发通用产品以及对其进行个案化处理，争取获得跨行业客户的认可，或在垂直细分的市场里获得更大的市场份额。与此同时争取风投和进一步融资，然后选择战略退出机制。

大数据产品创新点

要想获得亿万移动设备（含不同智能手机）的数据及其用户的消费倾向、行为、喜好、语言、年龄、职业、性别、日常活动的地理范围、使用设备的频率、每次使用间隔长短、访问过的网站、使用最多的应用程序，新增用户，激活用户等一系列天量数据，要么研发能够很容易安插在这些移动设备中的软件，在这些软件插件基本模块开发完成后，下一步与网游、移动游戏、移动设备应用程序、移动设备广告商、运营商合作，把这些插件直接嵌入游戏、应用程序、商业广告和网站中，这样当用户开启网上游戏、运行移动设备应用软件或点击其中的广告时，各种数据就被记录下来；要么就由应用程序开发商提供各种用户和智能终端数据，TalkingData 正是为其企业客户提供数据分析和交易的平台。在获得了海量移动数据的基础上，TalkingData 建立了各种数据挖掘和分析模型，一年内就研发了移动统计分析平台和移动互联网广告监测系统。由于其完善和精准的数据分析结果，创新初战告捷，很快受到包括百度、秒针、金山、新浪、多盟、有米等企业客户的青睐，赚足了第一桶金。

大数据产品组合

以此为基础，TalkingData 增加了其他统计分析功能，形成了以下四类主要产品组合：

- •移动数据应用统计分析

帮助移动开发者收集、处理、分析第一方数据，透析全面运营指标，掌握用户行为，改善产品设计。

- •移动游戏运营分析

分析游戏系统及功能设计方法，开发精准营销组件帮助游戏运营商更懂用户，协助其更精准地营销、策划和评估营销成果。

• 移动广告推广效果监测

帮助企业客户量化、监测移动广告推广效果，为其提供结算依据从而优化广告投放策略。

• 企业大数据解决方案

在获得用户各种大数据的基础上，通过大数据平台技术创新、数据挖掘和价值分析，以可视化的方法为企业展现其用户的全景画像，全面支持企业的精细运营、用户洞察和精准营销决策，从而实现企业数据的商业价值最大化。

这些产品覆盖了应用统计分析、游戏运营统计分析、消息推送、在线参数、移动广告推广效果跟踪与分析、社交媒体跟踪、第三方应用程序开发、搜索引擎分析和各种企业客户需要的可视化专业报告以及报表方面的应用，在用户使用、参与度分析、渠道统计和自定义事件等统计类别中有特别出色的表现。自对手友盟被阿里巴巴收购后，TalkingData就成为行业内唯一中立的第三方移动大数据平台。它的移动端受众数据管理平台工具，通过对全移动行业超过 8 亿受众数据的汇聚、清理、智能运算，构建了庞大的第三方精准人群数据中心，以开放接口形式为全行业从业者提供标准的精准人群标签，成功帮助企业优化广告投放和提升营销效果。

TalkingData 提供的移动（设备、用户、应用软件、运营商、品牌等生态数据）指数、数据报告（各种行业报告、白皮书、专题报告等）见图 11–3。

图 11-3　TalkingData 网站截图

　　应用排行（应用软件、游戏和各行业线上到线下服务）是TalkingData 为与移动行业相关的、各企业客户提供的从设备、应用软件到用户群的详尽数据分析服务（见图 11-4）。

　　其数据分析逻辑和思路遵循了从基本数据统计到深入数据分析的流程，用户很容易理解和掌握，它与美国的 Flurry 在这点上一脉相承。

　　在做产品研发和创新方面，TalkingData 的做法非常值得一些初创大数据企业借鉴。有一个现象很有意思，从谷歌上面查到的关于TalkingData 的英文信息和中文的几乎一样多。TalkingData 从创业之初，其研发团队就每年花大量时间，利用一切机会实时跟踪美国同业对手的技术分析理念、技术发展、产品优化设计等发展动态，在迅速迭代升级和不断扩大调整自己的创新产品组合的同时，给国内竞争对手制造了很高的准入壁垒。

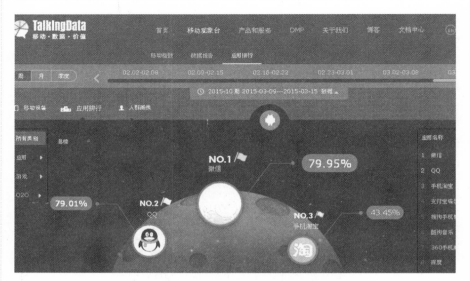

图 11-4 TalkingData 的数据分析服务

创新的市场反应

TalkingData 在运用数据挖掘做各种深度分析指标方面属移动分析界的领军企业，主要指标包括客户在不同广告网络、不同渠道、不同媒体资源的应用推广投入产出效益，玩家的平均收入，大额付费玩家的各种行为（如达到哪个关卡、购买的虚拟商品、可能感兴趣的其他相关商品、是否重复购买等），这些成就也获得了很好的市场反响。在营销方面，市场部使用中英文两种语言，通过一切可能的营销渠道，包括非常专业详细的中英文首页、中外行业会展、中英文社交媒体、传统媒体等，在中美市场上扩大了 TalkingData 的品牌认知度和产品影响力。在2012 年到 2014 年短短两年里，TalkingData 产品组合就分析了超过 5 万个应用程序，覆盖了 8 亿移动设备用户，赢得了一大批包括国信证券、兴业银行、招商银行、中信银行、腾讯、中国平安、中国电信、中国移动、中国联通、谷歌、InMobi 等中外知名企业和后起之秀如滴滴打车等几十家企业客户。在把产品文宣尽可能地伸向已有和潜在的中外企业客户的同时，TalkingData 也得到了西方移动数据分析行业的高度关注。由于中国巨大的移动市场，据分析，TalkingData 的潜在市值已超过了美国 Flurry 被雅虎收购时 3 亿美元的价值。

案例点评

TalkingData 作为移动设备市场里的大数据企业，在营利模式、产品创新和市场推广方面已然成为同业中的佼佼者。其经验可以借用脸谱网上的一个数据分析图（见图 11–5）来说明：

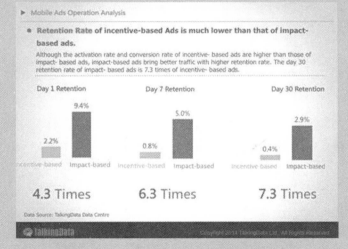

图 11–5 脸谱网上的数据分析图

数据分析图说明要成功留住用户，最高效的广告是通过影响他们的行为使其主动参与，而不是"花钱"买用户。对于大数据企业而言，其创新成功的概率跟企业用大数据影响客户业务的程度成正比。TalkingData 就是这样一家企业。

第三部分

大数据创新后续

第十二章　大数据创新准备清单

　　无论是企业、政府，还是个人，做大数据创新都可以围绕"一个中心，两个基本点"展开：即以大数据业务用例为中心，作为创新的出发点（痛点或兴奋尖叫点）与归宿；依靠相关的解决方案（做一款产品，创造一个服务项目，或提出一套独特的逻辑算法）和相应的大数据工具，作为两个基本点，来满足业务用例，就可以开始做大数据创新了。

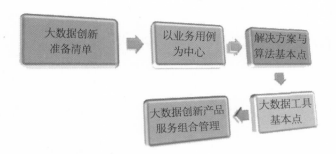

以业务用例为中心

明确和界定业务用例是一切创新活动的出发点和成功基础，大数据作为一种创新形态也不例外。无论您的企业是在哪个行业，国企还是私企，在投资进入大数据市场前，除了第三章业务用例提到的注意事项外，还要搞清以下一些问题：

• 大数据跟您的企业现有和未来业务有何关系？大数据对这些业务有何影响？企业现有数据跟大数据关系如何？大数据运用如何纳入企业未来发展战略？运用大数据的目标如何？

• 如前所述，如果不做大数据产品，对企业今后的发展有何负面影响？

• 如果决定投资大数据，与企业核心及长远业务相关的具体大数据如何？投资将可能获得何种收益（最好有分析数据支持结论）？哪些业务可以直接受益？哪些业务可以从长远受益？投资回报分析如何？投资有何种风险？如何才能尽快做到收支平衡？

• 企业是否有合适的人才和资源来研发大数据产品？对企业现有运营影响如何？

• 市场为企业大数据创新埋单的刚性需求是什么？

• 大数据产品的设计性能如何？如何让用户方便地使用大数据产品？

对各级政府部门而言，如果能清晰回答以下问题，对大数据投资就可以做出理性的决策：

- 什么是大数据？为什么要启动大数据项目？该项目能对本部门当前和今后的业务带来何种好处？该项目的宗旨是什么？

- 跟本部门业务相关的大数据有哪些？如何获取、存储和管理这些数据？

- 大数据是否应开放给公众？如果可以，相关的风险控制和法律依据如何？

- 如果大数据依法不能公开，如何保证数据安全？如何做到风险控制？

- 本部门是否有合适的大数据人才？有多少可以投资大数据项目的预算？

- 大数据项目的服务功能有哪些？对现有政府运营管理会产生何种影响？

对个人创业者而言，由于创业失败风险在 80% 以上，从开始就细分业务案例有助于提高创业成功率：

- 具体的细分市场对特定的大数据产品需求如何？

- 您是否具有研发这种产品的技能和其他所需资源？您预计研发的产品会有哪些性能？

- 目标用户为什么要为您研发的产品埋单？

- 市场上是否已经有类似的大数据产品？如果有，您设计的产品优势如何？如何与其竞争？

- 您是否有足够的投资以支持产品研发？

解决方案与算法基本点

无论企业、政府还是个人选择从哪个方向做创新，要使大数据创新为市场接受，大数据的收集、清理、储存、管理、分析、可视化、感知化等，这些步骤都不可或缺。数据分析、数据工场、数据转化和数据收集能力是解决方案最常见的能力，而其中最重要的则非大数据的算法和逻辑关联关系莫属。这方面的突破往往会产生颠覆性的创新产品，因为其中不仅涉及极其复杂的数理知识、机器学习语言、统计、计算机编程、算法技巧、逻辑关联，更重要的是对用户市场核心业务的了解和对其业务术语、规则知识转换为自然语言的熟练驾驭能力。如前所述，这种人才在全球紧缺，在中国也一样。要利用大数据做出颠覆性创新，就要靠这些人才实现。欧美和国内一些企业正在源源不断地培养这类人才。掌握好这些知识技能与资源，就拥有了做大数据创新的一个基本点。

大数据工具基本点

工欲善其事，必先利其器。大数据工具对软件而言一般是指市场上供程序员使用的源代码开发环境，开发和整合工具，各种程序语言、数据分析、报告、可视化制作软件和平台。除了时下最流行的 Hadoop 和 NoSQL Database 外，其他技术工具，详见书后附录。而对硬件设备来说，大数据制造工具从设计建造最核心的高速中央处理器晶片技术，到各种存储器、记忆器，再到人类的感官延伸感知器件技术，都使得储存、处理和展示大数据成果变为现实。无论软件还是硬件设备，或是其整合，选择好经济适用的工具是成就创新的另一基本点。

大数据创新产品服务组合管理

对企业而言，无论是做大数据产品还是服务创新，最理想的是要创造出跨行业跨部门具有"垄断"性质的产品或服务的组合，并从一开始就把这个策略纳入整体创新规划设计之内。这种策略的好处有很多，可以通过先利用有限资源，创造出适应具体市场和特定客户需求的大数据产品或服务项目，并加以个案化，在此基础上，衍生出组合系列，最终创造出跨行业、跨部门的通用产品模式（即其功能和性能80%适用于各行各业，只需对具体行业和特定部门做相应调整和进一步的个案化软件再开发或硬件再设计处理即可）。在整个产品生命周期各阶段实施有效的风险控制，并对每个构成要件及其整合进行严格的质量测试，最终使整个组合在满足客户需求的同时实现投资收益最大化。例如，一家企业根据市场需求，研发了基于特殊算法的大数据分析软件，而这款软件可以分别用于政府或企业客户，但可按其不同业务需求，适当调整算法逻辑和计算公式、数据结构，甚至是用户界面及数据最后的可视化效果。这样，这家企业就至少拥有了两款产品，构成一个组合，并最终在扩大用户规模的基础上衍生出其他个案化的产品系列，以抵御市场风险并使初始投资收益最大化。

▚▚▚　**案例**　▚▚▚

肯硕揭开华尔街百年赚钱秘诀

从2014年开始暴涨的A股市场再次牵动了亿万股民的心。到2015年8月，A股已经历了数天内暴涨暴跌的过山车式的变化。除了打听可能的内部消息和采用传统的技术分析外，对亿万普通股民而言，还有什么更好的办法可以提前预知某些行业甚至个股在某个事件和时间段内的走势，比如阿里巴巴和工商局对淘宝商品的争议对哪些股票会有影响？社保基金进入股市对哪些股票有影响？这个答案在美国已经有了。这就是一款基于云计算的财经软件"沃伦"（以沃伦·巴菲特命名），它背后的秘密就在于普通股民通过扫描世界市场上可以查询到的、直接或间接影响金融股票市场的一切可能的、实时变化的各种宏观和微观大数据，诸如药物审批、经济报告、货币政策变更、社会事件等，利用极其复杂的统计学、人工智能、机器学习、大数据算法、数量经济学理论和模型，推演出与某个事件相关联的特定类型股票（甚至是个股）最可能的变化趋势及其概率，最后通过人人都可以理解的自然语言表达出来。

这款软件的设计和研发企业国内译成"肯硕"（英文 Kensho），其原意从佛教禅宗而来，意为"见性"。"Ken"是日语"看"的意思，音同汉语的"看"，"sho"为日语的"自然、本质"之意。这个日语禅宗的原意为"透过现象理解事物的本质"，而这也正是这家企业的联合创始人，32 岁的哈佛大学数量经济学博士，丹尼尔·纳德勒及 27 岁的 MIT 计算机硕士，彼得·克鲁斯卡尔（Peter Kruskall）的共同人生哲学理念。

在散户无法像专业金融机构掌握大量市场上不易获得的数据时，如果说预测 A 股市场变化"基本靠猜"的话，美国股市则"基本靠算"，即传统来说，华尔街的投行公司要预测一些股票的未来走势，必须依靠其掌握的研究调查的海量数据，利用其高薪雇用的量化分析专家团队（即通常所谓的顶尖金融工程师和数学分析师们），夜以继日地花上几天甚至一周的时间进行计算，才能做出可能的概率及趋势预测。比如说通过分析全球油价走低事件对全球各国，特别是美国，甚至是中国股市的影响，判断相关联的股票基金的走势，进而在短期交易中大赚特赚。而掌握这种数据及其计算能力是金融行业赚钱的绝密武器，他们也绝不会公开这些秘密，这也造成了通常所说的"富人越来越富"的现象。

丹尼尔·纳德勒兴趣爱好广泛，跨越多个领域，如信贷衍生产品定价、诗歌、古希腊哲学、禅宗，他还曾经与同伴合作开发了一款防止噩梦的手机软件。他自封作家、创业家和未来主义者。就读哈佛期间，丹尼尔曾出任美联储访问学者。他发现这家全球最具权威性的金融监管机构，竟然还在依靠 Excel 进行经济分析（这跟笔者的经历类似，笔者 2010 年为美国证监会做信息技术咨询师时，想劝芝加哥分局的一个资深分析师客户放弃 Excel，转用数据库技术，他都抱怨无法迅速学习新技术）。丹尼尔把这些不可思议的经历告诉了他正在谷歌公司实习的 MIT 同学克鲁斯卡尔，克鲁斯卡尔说"这也太不禅宗了"。2013 年 5 月，他们聘用前谷歌的工程师团队在波士顿成立了肯硕金融公司，其理念就是运用专业知识（经济、社会、科技等），利用各种影响金融市场的社会事件进行量化计算，最终预测受影响的个股何时上涨下跌，从而决定买入还是卖空，最终将预测结果以最通俗易懂的方式交到大众手中。每个散户都可以操作这款软件，像谷歌搜索一样，在文本框里输入你想知道的投资问题，由系统给出最简洁的答复。

研发解答投资问题的软件

在创业之初，创业团队利用其在谷歌积累的大数据和云计算经验，做了一个初步的算法模型。两个月后，中东、北非地区政局剧烈动荡，导致国际油价飙升至每桶 100 美元，超过华尔街多数分析师预计的最高值。接着埃及军方又解除前总统穆尔西职务，镇压伊斯兰极端分子，动乱持续升级。由于埃及是全球石油贸易的关键中转站，国际原油价格剧烈波动。当时华尔街所有人都在非常疯狂地通过各种算法评估这些动乱给股市带来的影响。这个简陋的算法模型也开始派上用场并开始展现其深刻的意义。

要研发一款模拟人工取代华尔街顶级金融工程师们多年工作的软件，第一步就是要让软件的功能尽可能地模仿他们的工作流程。这包括收集、整合和初步分析各种关联历史数据。第二步利用大数据的关联度分析方法对上千个变量进行运算，找出其中有意义的关联关系和模式。第三步，针对实时发生的特定事件，运用模型建立的相应的关联模式和算法逻辑进行模拟计算，从而预测出某类股票或特定个股在一段时间内的走势。第四步，把预测结果与实际发生的结果做比对，根据其成功和失败概率，对模式进行相应调整，直到预测概率非常接近实际结果。第五步，把这个成功的模块储存在云计算的整个模式中并分类，用于未来特定事件的趋势预测。肯硕团队除了经历这些标准的步骤，其成功还源于以下一系列独特的要素：

1. 对纯数学的驾驭能力

创始人之一的丹尼尔·纳德勒的父亲是一位桥梁工程师，其专长就是用声波技术来查找桥梁和潜艇微小裂纹，而丹尼尔·纳德勒从小就在父亲的指导下专门学习"纯数学"。这种数学不是像我们一般学校里教的按部就班的算术，更不是什么奥数，而是类似中国古代的"算学"，即通过对自然、社会现象的细致洞察和思考，经过逻辑抽象分析找出其中的模式规律，并用自己发明的计算方式表达出来。最高境界就是看到行云流水，便可用近似的数学方式来表达其变化和预测变化趋势。顺便说一句，这种完全无功利驱动、不为考试和升学而做的"算"与"术"是中国古代数学位居世界同时代领先水平的根本原因，也是真正的数学之美。一个强调会做题、算得快、一切为了应付考试的文化是无法培养出这种能力的。丹尼尔就是在这种教育下，还是个孩子时就能勾勒出异常复杂的永动机流程想象图。每天这种独特的数学教育加上几个小时的古希腊文学习，为他上哈佛学习数学和西方经典打下了坚实的基础。攻读哈佛数量经济学博士学位期间，在设计金融信用衍生产品的定价机制的同时，他还研究诗歌、禅宗，是个典型的跨界通才。这些背景对他用禅宗的思维、数学的方法、经济学的专业知识来解决金融问题提供了独特的视角和切入点。

2. 创业团队复杂多样的综合背景

另外两个合伙人的背景也特别值得一提。丹尼尔的 MIT 哥们，彼得·克鲁斯卡尔，计算机硕士，曾任谷歌的资深云计算分析师，特长在社会信息技术应用，即用云计算和大数据技术来解决社会问题，信仰禅宗。华裔布兰登·刘是哈佛大二计算机专业的学生，是另一个社会信息技术天才式的人物。其他几个团队成员都是从硅谷和顶尖投行挖过来的资深软件工程师，经验和技能涵盖统计、金融工程、人工智能、自然语言编程、高速搜索算法、机器学习等。而这其中的一些特殊方法如"映射归约"（MapReduce）编程模型和谷歌的 BigTable 分布式数据存储系统等都发挥了积极的作用。

3. 开放大数据环境

有了金融算法模型，还必须有大量的符合模型需求的经济、社会、特定行业变化等数据来测试其效用。开放的大数据环境是算法创新成功的必要条件。无论你的算法多有创意，逻辑关系设计得有多巧妙，理论上能解决多复杂的现实问题，你最终需要多个有代表性的数据集，涵盖资本市场变化，各种政治、经济、军事、科学、技术、商业等社会事件，天气现象、消费者数据等，来测验你的算法模型的可行性和精准度。从二维的时空角度看，有了某一类或某公司股票的历史影响数据（过去30年哪些因素影响了这些股票的波动）和现实数据，即那些正在发生的社会事件可能会影响这类股票在未来几周内表现的数据，就可以将其编程后输入模型做运算了。一个大数据开放的社会则更容易让你从政府、智库、企业甚至个人那里依法获得这些数据，并受到法律保护，而不用担心竞争对手找各种理由给你添乱。肯硕可以无偿或有偿地从美国联储局、证监会和银行协会那里获得宏观经济及其微观影响的数据和相关股票的变化数据史，可以从华尔街各企业（如彭博）那里找到或买到社会事件影响当时股票变动的数据，可以从各财经数据经纪商那里获得各种财经历史大数据，也可以从谷歌这种开放引擎轻松免费地找到自己想要的各种经济研究数据等。这种数据开放环境也为其金融算法模型成功提供了有力的支持。

4. 独特创新方式

创新团队先在2012年创建了一个叫Seasonal Odds的网站（我查过，已经关闭，估计是华尔街的投行们要求其按投资合同关闭），在这里，任何散户就像家里有了彭博股票交易机，可以通过互联网和云服务，进入自己的投资账号，对其股票投资组合做风险分析和最优化处理。而其背后才是公司用其算法模型产品来做测试，包括"股市季节变化周期策略"、可放大的"风险/回报分析地图""即日股票胜算概率指南""社交媒体的个股综评图"和"聪明的现金流动图"（大投资机构每天花钱在哪些股票上建仓等颠覆性的产品）。网站上曾一度有超过7 000只股票、债券、股指，出自美国纽交所、美交所和纳斯达克。网站会对你输入的投资问题如"朝鲜发射导弹后，哪只股票涨得最快"进行运算后，告诉你答案是雷神公司、美国通用动力公司以及洛克希德马丁公司的股票。又如"世界油价持续下跌，哪家股票受影响最大"，网站系统也会在几秒钟内告诉你。另外，网站还会对个股每个月和每个季度的走势趋势进行分析。而散户一次交易只需付 20 美元。而最后经过不断修正，大部分散户的投资收益在 15.7%，远高于 S&P 市场回报 8.6% 的成绩。此模型还可以为 6 500 万个复杂的投资问题找到答案。丹尼尔预测，沃伦的题库将不断扩大，到 2014 底，能解答的问题将上升至 1 亿个。

这些大数据和云计算的创新成功很快震动了整个华尔街，因为这些颠覆性的产品带来的"金融民主"可能最终使大批白领高级分析师失业。彭博社和路透社估计："长期垄断的金融数据市值达到 260 亿美元，沃伦的出现绝对可以撼动华尔街的垄断地位。"最终，肯硕还是被华尔街投行领军企业高盛（1 500 万美元融资）、谷歌风投、恩颐投资（1 000 万美元融资）等公司招安。其数据处理结果目前会有所保留，软件会租给各投行的基金经理，宝贵的数据仍将留在一个小圈子里，网站也下了线。

案例点评

肯硕的创业成功，与其泛泛地说是成功运用大数据技术，还不如说是非凡的数学洞察力在金融领域运用的胜利。很难想象时下我们引以为豪的中式数学教育和落后于中国几条大街的西方数学教育，培养出的人才如此不同，后者造就出的创新能有如此不凡的成果。大数据算法是深度分析、关联和挖掘的基础。谁能创造出基于市场、行业和客户业务细分需求的独特算法，谁就能用杠杆撬动和改变这个市场。这个案例特别值得国内做大数据分析产品的企业借鉴。

▓Ⅲ 案例 ▓Ⅲ

世界第一个预警埃博拉病毒的健康地图

社会创新是时下流行的一种创新方式。它通常指政府、非营利机构或个人利用新思维、策略、概念创意和可操作的技术工具来创造性地解决各种社会公众利益问题，包括社区发展、公共教育和健康等。

机构介绍

埃博拉病毒是一种十分罕见的烈性传染病病毒，1976 年在西非的埃博拉河地区被发现，死亡率极高，在 50% 至 90% 之间，其引起的埃博拉出血热是当今世界上最致命的病毒性出血热。感染者症状包括恶心、呕吐、腹泻、肤色改变、全身酸痛、体内出血、体外出血、发烧等。埃博拉病毒主要通过病人的血液、唾液、汗水和分泌物等途径传播。病人一旦感染这种病毒，没有疫苗注射，也没有其他治疗方法，唯一阻止病毒蔓延的方法就是把已经感染的病人完全隔离开来。埃博拉病毒历史上只肆虐过乌干达、南苏丹、刚果等几个有限的西非国家，然后就突然消失了十几年，中间有些小规模的反复传染，但都没引起国际社会的广泛关注。

2014 年第一个公开向全世界宣布埃博拉病毒预警的不是科技强大的美国政府，也不是世界顶尖医疗卫生专家云集的世界卫生组织，而是位于美国波士顿的一家不为人知的非营利组织——"健康地图"。这家机构于 2006 年由波士顿儿童医院的公共卫生研究人员、传染病专家和麻省理工学院媒体实验室软件工程师等 45 位志愿者发起，旨在利用先进的信息技术来实施社会创新，为全球流行病监控和预警提供具体的、触手可及的帮助。这家机构最终成功运用大数据技术在加强其服务功能的同时，成为全球领先的、运用互联网大数据检测和预报世界流行病和其他公共卫生灾害的领军机构。

面临的挑战

起初这些服务于公共健康前线的卫士们每年都要面临的一个挑战是，如何从应对已经开始暴发的流行传染病，到预防和准备应对可能会发生的流行病？如何知道哪种已知疾病可能再度暴发？如何判断新型未知的疾病正在扩散且会对公共健康产生重大影响？

要想及时知晓这些信息，通常的做法是通过全世界各地政府和医疗机构的正式报告及媒体的报道。但这种做法的最大局限是等到社会大众开始知道并留意到这种疾病时，它已经开始流行了。谷歌的流感预测曾经是 2012 年业界用来演示大数据成功应用的一个得意案例，但 2014 年《科学》杂志调查发现其有算法上的局限后其可靠性就打了折扣。那么，能不能建立一种可以提前监测世界范围内流行病趋势的社会预警机制呢？

全球健康地图创新

"健康地图"最早根据从 2006 年以来积累的海量全球流行病数据，利用其团队流行病和公共卫生健康专家的专业知识，通过运用谷歌地图技术把美国流行病的演变趋势展现在公众面前。在现实生活中，便捷的全球交通运输使得一国的流行病，很快就成为地球村另外一端的隐患。随着大数据、互联网和移动通信技术的日益成熟，从全球各地各种社交媒体获取实时大数据成为可能。运用特殊的数据采集方法，该机构整合了全球各地新闻媒体、社交媒体、国际旅行者博客日志、全球健康医学人士专业讨论平台、世卫组织报告、各国政府健康部门的正式报告、全球各地目击者证词等世界范围内的传染病动态及其对人和动物的影响数据。在此基础上，他们根据流行病的传染规律和可能的传播途径，精心设计了算法。从互联网和移动互联网上收集到各种相关数据后，用专业的软件过滤掉那些与疾病健康不相关的数据，去掉那些不合格式的数据，对剩下有价值的数据进行归类重组、格式化、标准化等加工处理后再进行自动运算，然后把这些演算结果通过谷歌地图技术以可视化的方式展现出来。对于处在暴发状态的疾病，该地图可以用 9 种语言在任何电脑和智能手机上加以演示。

由于是非营利组织，其成员大都是用自己的业余时间和热情在做社会创新服务，他们的软件工程师用的研发工具也都是基于开放源代码和一些免费软件，包括谷歌地图、谷歌地图 API 插件，该机构的社会创新也得到了包括谷歌、亚马逊，医药巨头 Merck、比尔·盖茨基金会、美国疾控中心、美国国家医学图书馆等在内的美国各大公司、政府机构

图 12-1　健康地图发布的 2015 年 2 月韩国部分地区流行口蹄疫、疯牛病示意图

图 12-2　健康地图发布的 2015 年 2 月中上旬新疆的麻疹和艾滋病趋势报告

图 12-3　健康地图发布的 2015 年 2 月广东流行病一览 1

和知名社会基金等各种资源方面（知识产权转移、技术支持、开放源代码、计算资产捐赠等）的大力支持。现在其最著名、最有影响力的免费大数据服务是基于互联网的"全球健康地图"和基于智能手机的"身边疫情"应用软件。

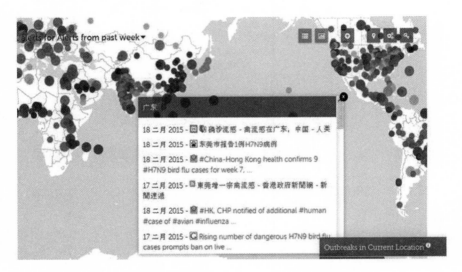

图 12-4　健康地图发布的 2015 年 2 月广东流行病一览 2

在其使用的众多数据源中，来自中国的有两个——百度新闻和 SOSO 资讯。如果任何时候想知道世界各地正在传染的疾病，中国周边国家在流行什么病，你居住的地方有什么健康问题，选择中文显示，从这张图上看就可以一目了然。

例如，如果想知道 2015 年春节期间中国流行什么传染病，你只需到健康地图上，把鼠标放在你感兴趣的地区或城市的圆圈上，就可以看见大小不同颜色深浅的各种圆圈，每个圈及其颜色深浅代表一种流行病及其严重程度，圈越大越深，代表疾病流行范围越广程度越深。如果点击一个圆圈，会有一个小窗弹出显示近一段时间这个地区正在流行的疾病，点击这个窗口，用户就可看见流行病发生的具体地点及其简要报道。

如果你有智能手机，还可以免费下载"身边疫情"手机软件（分别为 iPhone 和安卓定制），通过定位你所在的地理位置，这款软件让你实时了解和查询你所在的地方潜在流行病（如甲型 H1N1 流感、肺结核、肝炎）暴发及其扩散区域与分布情况。而通过设置功能，当你的活动范围附近有新疫情信息公布时，手机则会实时显示从"全球健康地图"上发来的警告信息或电子邮件。

这款软件还允许用户上传自己收集的疾病信息和相关图像给"健康地图"工作网站，经由健康专家审核确认后公开发布。"健康地图"采用的是基于草根的、公众参与的分享、监视、预警传染病的方式，不仅仅是自上而下的健康信息实时发布，更提倡社会大众发挥其能量，鼓励他们贡献自己的知识、专长、观察和亲身体验。对用户而言，上传各种有益的健康和疾病防控信息，还能积累相关医学健康知识，逐渐成为某个医疗健康领域内权威。而这个群体也是今后公共卫生和疾病防御的重要资源。

大数据社会创新成效

根据 Alexa.com 的数据，"健康地图"目前影响力在全球排第 174 000 名，在美国排第 60 400 名。对于一个做社会创新的非营利机构而言，已具备了相当的影响力。该机构能做到世界上第一个预警埃博拉疫情，也全仰仗其多年来研发的独特的大数据公共健康服务产品。2014年 2 月初，西非国家加纳有病人开始出现痢疾、呕吐、肌肉酸痛等症状，起初所有医学测验都把这种病指向西非地区的流行性传染病——拉萨热。等到医生们发现这种病传染性更强，死亡率更高，而且无药可救时，疫情已经无法控制，而当地医疗机构和政府也因为没有经验确认这种病症，反应迟缓。那么"健康地图"是如何预警埃博拉疫情的？答案是大数据。由于"健康地图"每天通过互联网自动采集全球各地的一切与健康有关的数据，它在 3 月 14 日从一次数据收集中发现，加纳地区有医疗人员在其博客上报告这种奇怪的病症，并在社交媒体上讨论处理方案。从这些非常有限的数据里，"健康地图"设计独特的大数据算法引擎，在排除其他病症的同时，提高了埃博拉的可能性，并向外界公布了西非出现"神秘发热出血病例"扩散的报告。紧接着在 3 月 19 日，它又一次采集到当地新闻报道，最后通过各种数据对比，"健康地图"在加纳地图上盖了流行病加深圆点并向全球发出西非暴发疑似埃博拉病毒的预警，比世卫组织 3 月 23 日正式确认早了整整 9 天。应对这种急性传染病，早一天时间预警就可以赢得非常宝贵的挽救生命的时间。尽管"全球健康地图"的准确性和精确程度还有各种不尽人意之处，但其大数据应用成果已表现出巨大的、令人鼓舞的社会影响力。

案例点评

这个案例说明，只要运用得当，大数据技术对社会创新也能做出突出贡献。在中国，各种形式的社会创新运动也正在蓬勃发展，像笔者正在关注的包括社创客、芯世界社会创新中心等国内高效的社会创新机构也在运用世界社创运动的最新发展成果和信息技术，来解决一个个全新的社会管理和公共议题。可以预计，大数据技术的广泛运用结合社创运动的各种创意，一定会在中国社会转型时期通过传递强大的社会正能量，发挥出特殊的社会杠杆促进作用。

第十三章　中国足球的大数据解决方案

　　据说 2015 年新年伊始最励志的一句话是："连中国足球队都出线了，这世上还有什么过不去的坎？"当然这出线后的结果大家都知道了。

大数据为德国队夺冠锦上添花

　　蹴鞠作为中国古代民间的一种足球游戏，其历史可以追溯到战国时期。《水浒传》中描述的北宋社会宫廷内外蹴鞠的场面就说明其在全社会的受欢迎程度。由于此传统，现代足球从欧洲一传入中国就迅速普及。从 1915 年到

1925 年间，中国虽国力孱弱，但在远东运动会上，足球仍然获得 6 连冠。然而自 1988 年后，中国足球虽屡败屡战，仍无法走出国门（2008 年奥运会，借东道主之力，也未能有所突破）。作为世界足球大国和弱国，中国足球的现状也一度引起国际媒体的关注。英国《经济学人》杂志曾经在一篇分析中国足球的文章开头引用了那段著名的笑话："菩萨只能满足每个人一个愿望。有人问房价何时能降下来？看到菩萨犹豫不决的样子，这人说换个简单点的，中国足球何时能冲出国门？没想到，菩萨听完这个，长叹一口气后说，咱还是谈谈房价吧。"进入 2015 年，看来菩萨对房价的影响力可能满足了一些人的愿望。那足球呢？中国足球到底怎么了？还有希望吗？

事实上，长期以来，从政府到企业甚至个人，中国足球采取了各种各样的办法，如高薪聘请外籍球员、教练，为运动员提供各种出国培训和参加赛事的机会，提高参赛队员工资，组织各级足球俱乐部等，遗憾的是这些措施至今都没有见到太大成效。

其实，要想知道自己为什么不行，可以好好研究别人为什么行，用科学而不是经验的手段来谨慎评估足球战略和管理体制，破除以往管理体制和战略上的各种瓶颈，然后配以战术技巧培训和创新，才能从根本上解决问题。

毫无疑问，2014 年世界杯德国足球队获得世界冠军，而且以大比分狂胜对手巴西队，除了自身素质外，科技手段，特别是大数据技术起到了极大的促进作用。不过在讲其大数据故事前，笔者还是从小数据开始说起，即德国足球的统计数据。

2000 年失去欧洲杯后，德国男足重新制定了一个详细的国家足球战略，基于此战略，德国此后 10 年仅培养年轻足球人才的投入就超过了 10 亿美元（即使在金融危机之际也持续投资）。这些经费用于包括足球专业人才管理的足球学校和国家足球协会掌管的各种足球培训中心。在各地训练场馆建设方面，仅为备战 2006 年世界杯，德国就投资 18 亿美元。到 2014 年决战世界杯前，德国约有 430 万名男性业余足球运动员，其中一半在 18 岁以下；女性业余足球爱好者 85 万名，其中 43 万名在 18 岁以下。全德国专业足球教练有 7.3 万名，轮流执教大约 17 万支球队；已拥有注册足球俱乐部 2.67 万个，成员 660 万名（占总人口的 8%）。也就是说，在德国，大约不到 20 个人里就有一个在玩足球。足球是德国文化的一个重要组成部分。学徒传统和职业、敬业精神是德国文化的灵魂，反映在足球上也一样。很多孩子在出生后不久，妈妈们就开始给他们灌输足球语言和让他们做足球游戏，到孩子三四岁时，感兴趣的就开始接触适龄儿童的正式足球训练。一旦这种浓郁的足球文化和氛围融入血液中，成年后无论在哪里玩足球，即使是业余水平，其一招一式，对足球的驾驭能力都会显得轻车熟路。这就跟中国人如果小时候玩过乒乓球，走遍世界，到老都玩得转一个道理。

在这个巨型足球爱好者"大水库"里，经过市场化层层淘汰和精英职业俱乐部培训选拔出的球星，自然是各方面条件最优秀的。全德只有 36 个职业俱乐部（英国为 92 个），注册的职业足球运动员为 982 位，英国为 4 459 位。职业精英少也意味着国家和社会可以把有限的资金、更多的时间投资在这些球员身上。职业球队少，也意味着这些精英可以从容细致地准备每一场球赛，恢复体力时间也较多。

具备众多良好素质的球员和能熟练运用统计方法支持日常比赛训练的专业教练，是第一步。世界其他足球强队如巴西也具有这些特点。如何赢得更多比赛，就要靠科技实力了。这点是通常玩快乐足球的南美各队望尘莫及的。这也是巴西队 2014 年世界杯输得如此惨烈（1∶7）的主要原因。

讲完小数据，就轮到大数据了。大数据作为德国的秘密武器是在德国队赢得世界杯后，才由德国足球教练们和软件巨头 SAP 向世界媒体公布的，当然也是为 SAP 做的最好的广告。其实，对数据的重视近些年来一直贯穿在德国足球运动中。

采集数据

除了各职业俱乐部在选拔队员时要查阅其一些关键的数据，如速度、控球时间及效率、传球时间及效率、助攻次数、射门数及其效率、截球数等，最重要的是顶级俱乐部的比赛训练设施里，从场地到球门，运动员身上（胳膊、腿等），尽可能地放置几个感应器和穿戴设备。训练场比赛地四周安放了很多摄像头。

数据分析

通过这些装备数据收集到的数据，俱乐部球队专职的足球数据分析师可以利用软件，分析俱乐部球员的站位和运动情况，对手的相应数据和竞争结果，从而提出具体的改进意见，提高个别队员和整个球队的比赛表现。举例而言，一个顶级俱乐部在 10 名队员同时用 3 个球的 10 分钟训练时间里，可以收集到 700 万个数据节点，与此同时，后台的软件可立即分析这些数据，指出每个队员的长处和短处，哪些地方需要提高等。目前全世界有 300 多家顶级俱乐部在用 Prozone 研发的这种软件，而 SAP 专门为德国队研发的这款软件则更上一层楼。

2012 年开始，为了备战两年后的世界杯，德国队总教练奥利弗·比埃尔霍夫委托科隆体育大学的 50 名学生收集可能参加世界杯比赛各队的所有以往比赛数据，包括以前的所有战术、所有的媒体报道（各种语言），所有运动员的赛场 KPI，如触球、控球率、平均传球时间和速度等。以往比赛视频由 8 个分布在赛场四周的摄像头采集，可用来拆成各种数字数据，这些海量数据最后都被输入 SAP 的 Match Insights 软件的新式内存数据库中。这款软件可以每秒分析几千个视频数据节点，不但可以把对手每个队员在赛场上的表现用来做数据分析，还可以把德国队每个队员与其做对比，用可视化的方法通过像游戏机的用户界面展现给教练和运动员、数据分析师，也可推送到智能手机和平板电脑上，以便他们能随时随地分析自己和研究对手的优缺点。这个可视化界面还能让教练们参与互动，如教练可以在界面上在两队队员个人间画线和圆圈，界面上随即展示具体的数字，这就完全避免了用经验猜的办法导致的不准确。这款软件还基于历史大数据分析，除了展示德国队在以往每场比赛中的不足数据外，还可以用虚拟现实的场景，使得德国队得以发现对手的各个弱点，并据此采用相应的对策。此外，软件还可以展示各种战术对对方球员的影响。这些特别的功能，使德国队在训练中特别纠正了自己在2010 年输给南非那次比赛中的那些不利习惯、行为和战术。根据软件的运算分析结果，德国队发现备战 2014 年世界杯最关键的一个 KPI 指标就是两个字——速度。这包括奔跑、带球、截球、抢球、接球、控球、传球等一系列活动的平均时间。为了实现这个目标，德国队每次训练的主旨之一就是提高速度。到了与巴西比赛前夕，德国队的整体传球速度已从 2010 年比赛时的3.4 秒提高到 1.1 秒。

　　一个优秀队员一旦形成自己的足球风格，其习惯动作就很难改变。掌握了每个队员的这些数据，如在压力下的反应行为（后来的比赛验证了这果然是巴西队的致命弱点），喜欢奔跑的线路、传球、抢球、截球动作、犯规时的反应以及全队的整体配合等，在战术上做相应准备，就更容易找到对方弱点，制造进球机会。尽管其他参赛队伍也有专职视频战术分析师，但德国队是唯一一个有专业数据分析师的球队，可以从大数据的角度，提供精准战术建议。可怜的巴西队在比赛前，其所有队员的足球习惯、惯用战术和"脾气"都被德国队所掌握，再配合德国在"二战"时使用的"闪电战"传统，加上巴西队自己的一些问题，如基本战术变化不大，老队员多，前线攻击主力内马尔和后防线防守支柱席尔瓦缺席，巴西队在开赛后不到 179 秒连输 3 球就毫无意外了。根据 SAP 软件的建议，德国队对巴西队失球后可能的反应也做了应对预案，这使得巴西队在赢球时任性疯狂发挥，在压力下毫无章法、自乱阵脚的特点暴露无遗，无法创造更多机会反击，而德国队则按既定方针办事，全速进攻赛前由软件发现的各个防线漏洞，最终获得了震惊世界的不可思议的胜利。虽然这场比赛结束了，但在高科技协助下严谨得甚至有点像计算机编程编好的"机器人"式德国足球与南美任性的热情奔放的"艺术足球"大较量给世界留下很多思考。

最后一个小花絮也跟大数据有关。由于 SAP 为德国队设计的特殊软件 Match Insights 价值连城，出于数据安全考虑，他们要求这个软件及其背后数据库里的海量数据绝对不能储存到云端，也就是说，他们不用云计算那时髦玩意儿。德国队此次参加世界杯，除了带通常的设备外，还有一个秘密武器，那就是 SAP 的软件——特殊的计算机硬盘和服务器。这些设备全部秘密安装在德国队驻地，其他队比赛时，这些设备通过实时收集其他各队的比赛实况，立刻帮助德国队进行数据分析，和赛前的历史沉淀数据进行比对，第一时间内调整战略战术，为德国队取得一个又一个胜利打下了坚实的基础，也给中国足球复兴带来极大启发。从今以后，有大数据辅佐的优秀足球队在赛场上一定会如虎添翼。

中国足球的核心问题

综合中外的专业分析报道，国足的主要问题如下：

第一，传统重视奥运整体奖牌的指导方针导致这个虽可为国争光，但只能整体产生一枚奖牌的运动项目长期不受重视。

第二，足球发展受基础设施（训练场地越来越少，培训设备陈旧老化等）限制，其他运动项目的普及（如美职篮带动的篮球热等），造成社会大众对足球运动的参与热情大幅度降低。

第三，多年的教育考试体制，使很多老师、家长缺乏鼓励学生参与足球运动的意愿。

第四，不合理的社会奖惩机制和相关腐败，导致教练、运动员和裁判出现的一系列黑哨、假球现象极大打击了社会支持足球事业的信心。

第五，落后僵化的体育管理和赛事垄断，阻碍了民间发展足球运动的意愿。

笔者觉得中国足球沦落到今天这个地步，除了上述原因外，还有一些为常人所忽视的数据特别值得关注：

运动员/合格教练储备欠缺太多

和世界强队比，中国足球运动员的储备"水库"实在是太小了。据中国足协2012年统计，在1996年，中国注册的足球队员是60万，而到了2012年，这个数字变成了8 000。这与世界足球强国平均每20万球员才产生一名球星的标准相差太远，连邻居日本50万和越南5万注册足球队员都不如。而准确的注册教练数字无论在谷歌还是百度上都查不到，估计也就在500左右。这些教练里，有多少具备实战经验和专业证书，这些数据也无从查找。这几个简单的数据就说明，不从基础抓起，中国花再多钱，引进再多的世界著名外籍球星和教练，除了娱乐效果和一些示范作用外，很难产生众多的本土足球明星，也难以从根本上弥补整体问题，更不用说冲击世界杯了。

运动员选拔标准落后

选拔足球队员的标准还主要是各种体能测评，特别是身高要求，更多是凭借经验和主观意识。

对运动员的各种KPI指标重视不够，没有制定根据各年龄的、统一的KPI标准，包括：在有限时间如15分钟内的总射门数、攻进禁区次数、向前传球次数、完成传球次数、截/断球次数、角球进球次数、任意球进球次数、个人带球次数、头球次数、助攻次数、控球时间、控球率等。

缺乏其他可转化成具体指标的综合数据（可以从 1 到 10，1 为最差，10 为最好），如在比赛中自我定位能力、足球意识、积极的下意识反应能力、适应能力、自我创造能力、足球技能、自信、坚韧不拔的能力、对他人的影响力、耐力、速度、平衡与弹性能力、力量等。

足球运动员培养方式落后

青少年足球运动员培养方式仍主要停留在枯燥、运动量极大的体能、技战术训练阶段。德国队的各种培训数据证明，在 13 岁之前的年龄段，运动员的体能和技战术并不那么重要，大运动量、枯燥的训练只会让他们慢慢丧失对足球的激情。

国内缺乏体系完善、组织规范的、科学的、为不同年龄运动员制定的培养规划和测量体系。

中国足球的出路何在

2014 年是中国足球的龙抬头之年，而 2015 年 3 月 16 日出台的《中国足球改革总体方案》则给实现中国人的这个足球梦想注入了新的动力。教育部在 2014 年底出台新的旨在鼓励学生参加足球运动的措施，如全国各个学校体育课开足球培训课程，计划到 2017 年，在全国扶持建设 2 万所左右中小学足球特色学校和 200 个高校高水平足球队、30 个左右校园足球试点区县，培养10 万名新队员。从 2016 年起，足球开始作为中考、高考特殊技能选项。按照全国校园足球竞赛方案，自下而上组织开展小学、初中、高中、大学四级联赛等。2015 年，全国初步计划培训 6 000 名校园足球师资。国家体育总局、国家发改委、财政部和各省市自治区也都在各职责范围内做出了相关的承诺，提出了具体的协调和指导意见。

这些振奋人心的顶层设计和综合性措施在一定程度上对扩大足球运动员和教练员的储备"水库"有巨大促进作用，然而要顺利实现《中国足球改革总体方案》的近、中、远三个战略，如果还是延用旧有的训练标准和人才选拔标准，恐怕到时还是与预期的效果相差甚远。

笔者个人比较倾向学习德国从 2000 年痛失欧洲杯后又重新崛起的经验。以下是笔者从大数据的角度出发得出的一些看法：

• 培训合格的教练是第一步也是最关键的一步。没有一定数量的高质量教练，就像如果哈佛大学教授都是三流学校出来的，也招不到一流潜力的学生，即使招到了，也教不好。毕竟无师自通的天才是少数。合格的教练最好是注册教练并有国内外证书。德国队有 2.8 万基层教练持欧盟认可的 B 级足球教练证书，5 500 人持 A 级证书，1 100 人持最高级 Pro 级证书。而相比之下，英国的对应数字为 1 700、890 和 120（据英国广播公司报道，英国现在对这些指标数据很郁闷）。强将手下无弱兵，在合理的机制和设施配合下，由这些高质量的教练挑选和培养出来的足球队员一定是世界级的。

• 中国执教国家队和省队的主教练必须要求持有至少是 A 级的国际认可的专业足球教练证书。其实一年内直接送 5 000 人到德国、英国、荷兰、西班牙等足球强国培训拿欧洲足球协会联盟认证的 B、A 和 Pro 三级证书，回国再培训更多本土的教练应该不难。由于欧盟的证书无法作弊获得，代表国际水平，所以应该像培养公派留学生一样，向全社会公开这些机会，候选人可以自行报名，由国家公开招聘，跟国家签订合同，保证拿到证书后回国执教。如果有已在这些国家的留学生原意"投笔从足"，自己投资拿到证书，国家也可以高薪聘请这些人回国执教。不可否认，国内也许有教练个人技术水平尚可，但要想冲出亚洲，达到国际水平，必须向国际标准看齐，而获得国际教练执教资格就是必由之路。

• 虽然选拔和培养合格足球队员是教练和管理体制的职责，但依据规范的、科学的 KPI 数据和其他科学方式，而不仅是以经验来选拔青少年足球运动员会更客观更可靠。

• 优秀足球队员的选拔可以由上述这些教练、足球学校、职业俱乐部等掌握，培养应该分中期（3 年计划）和长期（5—10 年计划）两种。中期目标是试错足球创新战略的有效性，即国家有计划科学地选拔有个人特长、综合素质（包括外语和沟通能力）高的优秀队员去欧洲各足球强国和南美的足球训练学校进行短期学习和培训。长期计划除了国家 2014 年出台的各项足球规划外，特别要强调的是不要把眼光只放在城市里，要更注重农村，特别是那些成长在恶劣自然条件下、有不凡 KPI 指标表现的孩子（如西藏、内蒙古、西部等地的孩子）。

• 其他依据国际惯例的各项改革如赛制、管理、监督都很重要，但不在本文讨论范围内。其实足球跟科技创新一样，不分东西方，可以师夷长技以制夷。采用国际惯例，向最好的模式学习，再加以本土化是最有效的途径。

大数据如何帮助中国足球

百度在 2014 年世界杯期间，运用其大数据分析技术，成功预测了德国队获胜的概率，其可信度超出谷歌和微软的预测结果。阿里巴巴则于 2014 年夏斥资 12 亿元人民币收购广州恒大足球俱乐部 50% 的股权。据报道，未来恒大俱乐部还将引进 20 个战略投资者，继续增资扩股 40%，每家 2%。一旦拥有充足的现金流，恒大俱乐部将如何改造球队和提高其整体表现？是否还延续老路即高薪聘请世界著名教练、外籍运动员加盟，扩大和巩固知名度，为俱乐部和投资方带来更多收益？如果仅仅如此，那对振兴中国足球是没太大指标意义了。

而从积极的角度看，BAT 里的两个大数据领军企业不约而同地介入中国足球，就说明了中国足球到了需要跨界创新的重大历史转折点。虽然马云表示不会干涉球队运作，足球相关事宜将是主教练说了算，他也不进更衣室。我相信，马云所谓"足球要有新玩法，未来 3—5 年要用互联网思维和技术帮助传统行业转型升级"的说法一定是意有所指。跟 2013 年用互联网冲击传统金融垄断是同一路数。至于如何运用大数据重整中国足球，德国队已经做出了很好的榜样。

要想像德国队一样运用大数据技术提高中国足球水平，在短期内，首先要保证有足够多高水平的运动员。由于现在底子太差，要达到冲出亚洲的短期目标，只能用应急的方法，通过设立科学合理的、与国际标准看齐的 KPI 来选择一批相对优秀的足球队员，分批送到欧盟的知名足球学校短期学习。回国后，由合格的大数据软件、硬件企业联手，为国家级、省队、职业俱乐部等机构提供全方位的大数据解决方案。这些方案包括：

大数据收集

通过遍布在各高规格训练场地、赛场四周的传感器、智能摄像头和运动员身上的可穿戴设备，收集这些高水平运动员在日常训练、国内外比赛中的动态大数据（如 KPI 指标数据、视频数据等），配合收集到的世界足联各强队的大数据，形成既有自己队员，又有对手详细情况的大数据集。

大数据分析 / 可视化

对所获足球大数据进行实时整合、分析、处理并以可视化的方法呈现在教练和运动员面前，并提供各种基于数据分析的改进建议，甚至可以在输入数据的基础上，提供像对抗游戏一样的模拟比赛场景，帮助每个队员和整个球队提高小到 KPI 指标，大到实现比赛战术运用的结果评估，此外，把可视化的结果通过互联网发送到各种移动智能终端也是当今时代下此类软件的必要功能。

风靡世界足坛的英国体育数据分析商 Prozone 已于 2012 年落户中国，并应用于一些足球俱乐部和职业联赛中，2013 年起在北京等地也开始协助实时收集足球大数据和为相关客户提供分析。这些投资对快速提高中国足球比赛的绩效成果能起到极大的促进作用。不过，根据笔者多年跟各种软件商合作的经验，且不说这类软件昂贵的价格（近 200 万人民币一套），它们可以在多大程度上根据中国球队的实际情况和需求进行个案化处理、培训和应用指导是个问题。另外，德国国家队为什么不用这款软件，而要跟 SAP 研发一套专属自己的 Match Insights 软件？除了数据保密的考虑外，是否还有 Prozone 软件本身的不足？这些问题需要中国的大数据软件和解决方案商去提供答案。

其实从百度精确预测 2014 年世界杯决赛（除德国和巴西那场大比分外）的结果就可以看出，在大数据分析和算法方面，中国的一些软件企业已经具备了一定竞争实力。能否在这个世界上观看足球比赛人数最多的国度、新的国家足球战略投资背景下，把大数据技术成功应用于这个市场，是考验中国企业的一个好机会。以马云的商业头脑和精明的战略判断，此时注资恒大俱乐部一定跟这些有关。

从长期看，今后几年内，通过物联网技术（运动员的各种活动数据可通过穿戴设备收集并上传到互联网上），就可以把全国各地区尤其是偏远地区恶劣自然环境下有着良好先天素质的运动员，按国家统一的 KPI 指标进行筛选。随着中国几十万乃至上百万足球运动员的涌现，运用大数据技术去选择、辅助指导、培养其中的优秀运动员，对促进足球作为全民健身运动、竞技体育和商业活动的健康发展和持续繁荣一定能起到积极的作用。

精英式培训 + 战术创新 + 大数据运用 = 中国足球重回世界杯

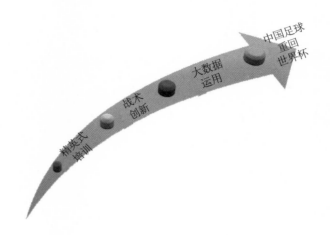

精英式培训

按国际资深足球教练选拔精英运动员的惯例，以下是判断一个优秀球员的一些特别值得关注的指标。

赛场定位能力

　　• 优秀球员对自己在赛场上的进攻和防守功能总有足够清醒的认识，在必要时不需要教练指导便可视赛场需求，即刻转化角色，做到可进可退。

眼观六路的洞见能力

　　• 优秀球员在接球前就知道观察自己的四周及半场的情况，从而在接到同伴传来的球时，马上知道自己下一步的动作。

赛场主动意识能力

优秀球员无论身在赛场何处，总能清醒地知道自己和足球、本队队员以及对手的方位。

本能反应能力

优秀球员在绝大多数情况下，无论是面临对手巨大压力还是同伴传过来的压力时，都能对形势做出合理判断并迅速主动反应。如在进攻时，知道往哪里跑可以为自己或同伴创造传球或射门机会，而在防守时，知道在多远的距离应该后撤，以多快的速度收缩或拦截对手继而破坏其进攻。这些能力更多时候是下意识的本能反应。

球场适应能力

优秀球员一般在迅速变化的情况下都可以迅速调整自己，比如即使离进攻的控球方或防守的控球方都很远，可以积极跑动以帮助和支持自己的球队掌握控球主动权。

创造能力

优秀球员总是可以运用自己的这种独特能力在激烈的比赛中创造射门、传球和扭转大局的机会。这种能力表现在突破坚固防守、破坏强势进攻、失去身体平衡下射门等。这种能力在 20 世纪 80 年代中期的中国足球队队员身上还常能看到，如赵达裕、朱波、贾秀全、左树声、柳海光等人，现在是少之又少。

基本技能发挥能力

在压力下运用平时训练中积累的各种技术。激烈的对抗赛常常会使球员无法把平时训练的正常水平发挥出来。优秀球员则在压力下还可以保持其运用技术的合理状态和效率。这些包括运球、身体移动和有效控球、与对手缠斗时的效率。多数球员在处于疲劳状态时，其技能和注意力都会迅速下降，而优秀球员则依然可以保持基本不失水准，无论是因为天气还是场地条件。

综合心理素质

自信心

优秀球员的心理和体能素质往往一样好。他们不仅技能过人，自信心也极强。

抗压能力

赛场上往往有很多因素影响球员的自信心和注意力。比如像巴西队的前半场大比分失球，比赛后半场失去一到两个球，整个球队在大部分时间被对手压迫在自己的禁区挨打，个别主力队员技术发挥完全失准，持续丢球等现象都会极大地影响自信心和注意力。而优秀球员则有极强的抗压能力，其赛场表现基本不受这些外部因素影响。

赛局影响力

优秀球员无论在哪个位置（门将、后卫、中卫和前锋）都可以运用自己的能力影响赛场局势。

身体素质

持久性

不可否认，身体素质在比赛中也扮演着重要的角色。球员不仅要有能力在各种赛事中拼体力，还要具备在比赛间歇快速恢复体力的能力。优秀球员往往比普通球员在这种时候表现出色，其耐力和忍受力特别强，从而也使其在头晕眼花的状况下也少犯错误。

速度

传统经验认为，速度快虽然好，但不是获胜的必要条件。此次世界杯德国队就颠覆了这个看法。在开赛后很短时间内就可以连进几个球，无论从心理上还是赛场局面上都会给对手造成极大压力，极大地增强胜算机会。与身体快速反应相匹配，头脑反应灵敏也非常重要。对局面的把握和快速反应，这包括身体移动速度（瞬时发力奔跑从 5 到 15 米所需时间）、爆发力（球员使其肌肉处于兴奋状态的所需时间）、反应速度（在某个赛场事件发生后到球员的本能反应时间差）等。

平衡和灵活性

优秀球员往往在面对对手挑战时既可保持身体静态平衡又有足够的灵活性，通过运用身体移动技巧完成控球、传球、截断球等动作。

身体力量

足球比赛是在三维立体空间内争夺控球权，优秀球员往往在地面和空中都有足够力量去掌握主动权。

就像前面叙述过的，这些指标均可转化成可测量的数据（如 1 到 10 的打分，或进行加权等），几千名球员在很短时间内的这类动态数据（文本、视频等）可以构成有意义的大数据。以此为基础，通过有针对性的技能强化训练、矫正和其他途径，改善和提高目标球员的相关行为是提高其综合指标最科学的培训方法。

要培养中国特色的足球精英，上述指标是训练目标和测量标准。现在很多球队和教练在面临中国足球困境时，选拔和培训足球队员的方式陈旧，思维和意识落后，完全丧失了创新的意愿、能力和动力。除了短期内打鸡血的娱乐效果外，一味依靠外国球星和教练对带动整体足球水平只能起到杯水车薪的效果。中国足球在引进先进培训、赛制和商业运作模式的同时，应该走一条自己的创新路。中国男足反正已经在世界足联排名第 103 了，还不如靠颠覆性创新突破困境，继而闯出一条中国式的足球王者归来之路。德国国家队教练有句话说得很有道理，大意是与其花大价钱请外籍球星来娱乐德国球迷，不如把这笔钱投资在培养德国自己的球星身上。中国完全可以送大批根据科学选拔的、懂外语的合格球员作为"遣德使""遣英、法、西……使"，这些留学生在欧盟和南美接受了短期集中培训后，可以集中送到少林寺这种地方，运用中国武术精华，大幅度提高球员的奔跑速度、腿脚功夫、对抗技巧、头功和弹跳功夫。另外，少林寺的禅宗哲学及其人文环境对培养球员强大的心理素质也会产生有益的影响。这些技能都是中国独有的秘密制胜武器，很可惜没有用到球员培训上。试想，一个球员如果脚上功夫很好，他射出的球就速度快、角度刁、动能大，不易被拦，无形中提高了进球率。一个球员的头功好，在三维空间争顶时就可以抢得先机，无论在头球攻门或传球方面都使对手立即处于劣势。一个受过禅宗培训的球员，其抗压、自信、洞见等能力必然超出一般球员。

战术创新

在大数据时代，任何对手在公开赛场上的表现都可以通过可视化数据的方式被对手掌握。这些包括在赛场上所有的惯用进攻和防守战术、每个队员相应的站位及习惯反应和跑动途径，每个队员正常情况下、面临压力下的个人行为表现，球队的整体配合等，而对手可根据这些数据制定相应的赛场对策。中国队甚至任何一个俱乐部要想在激烈的比赛中胜出，如果不尽快在战术方面进行颠覆性创新，等于比赛还没开始，输球的局面就已形成了。

战术创新的灵感可以从很多方面去寻找，笔者最感兴趣的就是我们的祖先最早发明的蹴鞠运动。虽然这项运动的大部分技巧已失传，但从古代文学的众多描绘中不难发现，蹴鞠比赛的大赢家和大玩主，无论是个人（像那个著名的高俅）还是团队，往往采用的是空间立体打法为主，辅助以地面运动打法。具体说，就是球员通过其头顶控球的独特技能，即使在奔跑过程中，也能长时间使球控制在本队队员头顶和腿、膝盖间（有些类似南美的艺术足球风格），然后找准机会，射进球门。从这个意义上讲，蹴鞠技巧比现代足球更难，尽管球比现代足球大得多，因为它的球洞小得多，球要踢入在球门网上凿的小洞里并非易事。如果我们能培养一些足球的"特种兵"，每个队员都身怀绝技，如少林寺传授和培训的"铁头功""旱地拔葱"等绝密功夫以及在激烈对抗状态下控球的高超技艺，在不违反国际足联比赛规则的前提下，超越赛场二维缠斗的模式，在进攻时更多采用头传和头攻的、以三维制二维的立体进攻战术，加上在中场附近大力轰击对方大门的"铁腿铁脚功"、在众多球员移动空隙间顺利射门、在自己失去平衡时传球、射门的绝招功夫，一定会突破传统的 433、442 等排阵布兵战术限制。

为了避免自己的创新战术为对手的大数据收集工具所掌握，平时训练时必须多准备一些备用战术策略，只在关键赛事才拿出撒手锏，让对手防不胜防，措手不及。

大数据运用

可以预计，大数据的运用对国内很多长期从事足球训练的教练来说一定是个挑战。要转变依赖经验决策到"数据说了算"的足球文化，需要花一些时间。不过时不我待，不适应这个世界潮流，中国足球的未来也没有希望。具体而言，大数据可以在以下各方面帮助中国足球运动：

第一，选拔优秀球员。

互联网技术和大数据技术的广泛运用，对于收集、选拔全国范围内高水平和有天赋的球员有极好的促进作用。当专业人士根据国际标准，制定好适合各年龄段球员的各项 KPI 指标数据后，国家队、省队或职业俱乐部足球人才选拔和管理人员就可以足不出户，根据互联网传感器、视频上传过来的全国各地球员游戏、训练、比赛数据及其分析和推荐，客观地判断和选拔爆发力好、速度快、耐力好、赛场适应能力强、控球能力好、有自己独特玩法、腿脚功夫强、弹跳力好等指标突出的运动员。这样就排除了各种人为的、主观的考虑和标准，大大提高选出具有优秀球员潜质的候选人的成功率。

第二，提高球员的训练成绩。

通过传感器、摄像头等数据源收集球员在训练场地的各种实时数据，对其进行分析和比对，为每个目标球员提供量身定做的训练方案，并对球员的下一步努力加以实时监控和测量，随时提供反馈意见。这些对于在短期提高球员的技能训练成绩都有极大的帮助。

第三，提高球员的赛场表现。

通过每个球员平常训练和各种比赛积累的大数据，可以跟世界球星的相应大数据做对比，从而为这些球员提出基于赛场数据分析的改进和调整意见，继而提高其在今后比赛中的表现。

第四，提高球队的赛场获胜概率。

通过收集对手在赛场上的视频、互联网媒体报道、纸媒报道等大数据，分析其每个队员的行为习惯、个性特点、赛场表现、球队的相互配合、战术运用等，比对自己的各项大数据，输入分析模型，得出双方在赛场各种模拟对抗运行指标下的不同结果，教练员可以在此基础上，为具体指导球队获胜制定最优的战术对策。

第五，提高教练员的执教水平。

通过教练员指导培训、比赛的各种训练方式对提高球员日常和赛场表现的数据采集，比较世界强队教练在赛场上的各种战术运用及其效果，再通过可视化模拟场景各种战术的运用及其可能结果的分析，帮助教练员提高战术成功概率和整体执教水平。

第六，促进中国企业的大数据创新能力。

　　把大数据技术用在足球领域需要软件、硬件和通信设备商的通力合作。从制造各种收集和传输数据的智能传感器、可穿戴设备、摄像头、通信设备到存储数据的存储器、服务器、硬盘、记忆盘、数据库、数据分析软件、可视化软件、移动智能设备应用软件等，这些大数据集成技术通过在足球实战中的应用和调整，一方面可以提高中国足球的整体水平和竞赛成绩，另一方面也可以提高各企业的创新和市场适应能力。可谓是一举多得。

　　"精英式培训＋战术创新＋大数据运用＝中国足球重回世界杯"公式，是基于初步分析导致中国成为足球弱国的各种数据、多年研究做高效企业创新的方法和当今世界足坛成功运用大数据的基础上，提出的一个粗略的战略设想。2014年世界杯足球赛已说明，当今世界，在玩快乐足球的同时，一定要引入高科技，而且要充分利用大数据这个强大的工具，以严谨的数据手段来引领和影响足球创新，拒绝用急功近利的方法把中国足球变成一个没有灵魂的娱乐活动，拒绝用陈旧任性的思维和管理方法选拔、培养球员和委任教练。笔者想起那句名言，"两手都要抓，两手都要硬"。只有以科学的、创造性的、互联网的思维重塑中国足球之魂，使之成为一种特殊文化，成为公平竞争、更快、更高、更强的竞技体育和全民健身运动，兼顾短期和中长期目标，中国足球才能快速、稳健地冲出亚洲，挑战世界杯，成为有中国魂的、新时代的蹴鞠。

大数据 2015 年创新经验教训清单

两年前，媒体在报道大数据"大跃进运动"时，提及了某著名餐饮企业也准备上马大数据项目的故事，弄得好像北上广满大街上，是个老总在自我介绍时，都会顺便说一句，我做大数据的。这就像那些看到小米成功的企业，尽管自己手里还没金刚钻，也要揽智能手机这个瓷器活儿一样。

根据 Gartner 2014 年对美国上千家企业和各类机构的问卷统计，65% 的受访单位购买了或正在计划购买大数据设备，展示了从 2012 年以来美国社会对大数据应用的重视。在这 65% 里，有 30% 已经投资了大数据项目，19% 准备 2015 年才开始大数据项目，16% 准备到 2016 年后才上马大数据项目。而目前为止真正最后顺利完成大数据项目的企业和机构不到 9%。这些项目推迟或失败的原因主要如下：

- 无法发掘出大数据里的特殊价值

- 大数据战略不明

- 缺少项目所需的核心技术

- 无法整合不同的数据源

- 项目所涉及的风险太大（数据安全、隐私、数据质量等）

• 没有弄懂什么是项目所需的大数据以及如何测量项目成功条件、如何通过大数据产品或服务使客户受益就匆忙上项目

• 企业或政府内部对大数据项目实施、协调等问题无法达成共识

作为全球大数据领军国家的美国尚且如此，中国的情况也不容乐观。在吸取美国人运用大数据服务产品研发的经验教训后，如何避免重蹈覆辙，做高效大数据创新？以下是笔者基于自己经历和研究其他企业、政府做大数据的经验总结：

一个大数据创新项目要获得成功，需要以下准备步骤：

第一，确定对企业或政府业务有重大影响的大数据用例及创新方向。

这个虽然在前面的章节提过，但需要着重指出的是这个过程应该由决策人物、业务部门和大数据专业人士共同参与和确认。这些技术专家可能来自企业或政府内部，更可能来自企业外部。他们必须对所涉及业务、流程、管理等有基本的了解。不然就是在不了解业务的前提下，导致大数据项目完全由技术驱动商业或政府业务，失败的风险极高。对初创企业而言，由于创始人大多是技术出身，首先弄清创业的商业战略方向和营利模式比选择何种大数据技术更重要。这些考虑包括大数据项目如何支持企业或政府的整体战略规划，解决其主要或核心业务部门遇到的内外挑战，为各业务部门带来的各种好处和期望目标。大数据应用可能会遭遇的各种障碍，除了大数据技术，是否还有其他更好的技术解决方案？企业和政府机构目前管理和分析数据的技术资源和能力，自身所拥有的各种其他支持资源，哪些部门会参与或受益于大数据项目等。这些评估对企业和政府机构是否应该上马一个大数据项目，如果上马，应该朝哪个方向的决策会起到非常有益的、理性的参考作用。前面案例里的经验和教训也说明这第一步至关重要。

第二，制定基于大数据创新的详尽产品和服务创新规划。

这些规划包括可测量的具体商业目标及其衡量标准，设计何种产品或服

务项目，大数据产品和项目成功的定义和标准，必要的 **KPI** 指标，决定项目实施的范围，相关的预算，设定每 3 个月、半年和一年的时间表和里程碑。确认从数据科学家、程序员、商务分析师、产品测试师、项目经理、大数据业务用户到高层负责主管在项目中各自承担的角色、任务与合作方式。

第三，详细了解实施大数据创新所需的所有技术及其要求。

在搞清了大数据的业务用例，确定了细分具体的商业研发或公共服务方向为大数据项目的出发点后，接下来就要选择具体的大数据技术作为实现这些商业或公共服务创意的利器。无论企业还是政府创新，甚至个人创业，无论创新的方向是大数据收集、搜索、管理、分析、可视化，还是以上的混合运用，以下是 2015 年大数据市场上最常见的工具一览表。中美市场上的大数据企业和政府项目或多或少都使用了以下便捷的开源代码工具。

大数据分析平台和工具

名称	操作系统	功能描述
Hadoop	Windows、Linux 和 OS X	这款基于 Apache 的分布式数据处理开源软件现在在市场上运用如此普遍，很多人以为它和"大数据"是同义词。按照百度百科的定义，Hadoop 是一种分布式数据和计算的框架。它特别擅长存储大量的半结构化数据集，可以快速地跨多台机器对海量大数据进行高速运算和存储。
MapReduce	可以跨操作系统使用	一款由谷歌开发的编程模型和软件框架编写应用程序，可以在大型集群计算节点上并行快速处理海量数据。一般用在 Hadoop 以及其他许多数据处理应用程序中。
GridGain	Windows、Linux 和 OS X	GridGrain 是 MapReduce 的替代开源编程软件，它与 Hadoop 分布式文件系统兼容。它的优点是可提供内存实时数据处理及其快速分析。
HPCC	Linux	由 LexisNexis 公司开发的"高性能计算集群"，它声称能提供比 Hadoop 更卓越的性能。有免费的社区版本和付费企业版本可供选择。
Storm	Linux	推特（Twitter）旗下的、可以提供实时分布式计算能力的编程软件。现经常被描述为"实时计算条件下的 Hadoop"。它具有高扩展性、高可靠性、高容错能力，几乎可与所有编程语言兼容。

数据库与数据仓库

名称	操作系统	功能描述
Cassandra	可以跨操作系统使用	最初由脸谱网开发，这款 NoSQL 数据库目前由 Apache 基金会管理，转变成开源项目。它是网络社交、云计算方面理想的数据库。以 Amazon 专有的完全分式的 Dynamo 为基础，结合了 Google BigTable 基于列族（Column Family）的数据模型。支持很多企业和机构的大型、活跃数据集，包括 Netflix、推特、思科等。商业支持和服务可以通过第三方供应商来进行。
HBase	可以跨操作系统使用	Hadoop Database 是一个与 Hadoop 兼容的、高可靠性、高性能、面向列、可伸缩的非关系型分布式存储系统。其特点包括线性和模块化的可扩展性，严格一致的读取和写入，自动故障转移支持等。
MongoDB	Windows、Linux 和 OS X、Solaris	MongoDB 是一个跨平台、面向文件的、NoSQL 类数据库。与基于表格的传统关系型数据库不同，MongoDB 的结构设计有利于 JSON 类动态模式文档，这使得应用程序整合某些类型的数据更快、更容易。它还可以存储比较复杂的数据类型。MongoDB 属于开放源码软件。
Neo4j	Windows 和 Linux	Neo4j 是一个开源图形数据库，用 Java 实现。作为嵌入式、基于磁盘的全事务型 Java 持久化引擎，它把数据储存于图形中，而不是在表格中。Neo4j 是时下最流行的图形数据库。
CouchDB	Windows、Linux 和 OS X、Android 系统	一个开源的面向文档的数据库管理系统，可以通过 JavaScript Web API 访问。它提供了分布式容错存储扩展能力，具有高度可伸缩性、高可用性和高可靠性，即使运行在容易出现故障的硬件上也是如此。
OrientDB	可以跨操作系统使用	这款 NoSQL 数据库可以每秒存储多达 15 万份的文件，并且可以在几毫秒里加载图形。它具备了图形数据库的能力和文档数据库的灵活性，同时支持快速索引、本地和 SQL 查询，以及 JSON 导入和导出。
Terrastore	可以跨操作系统使用	基于著名的开源 Java 集群平台 Terracotta，Terrastore 数据库拥有先进的可扩展性和弹性的功能。它支持自定义数据分区、事件处理、范围查询、地图、减少查询以及服务器端更新功能。
FlockDB	可以跨操作系统使用	FlockDB 专为存储社交图谱而设计（比如谁是谁的粉丝，谁把谁给拉黑了等）。推特用了这个数据库而使 FlockDB 声名远扬。它可以支持水平扩张能力，可以急速读取和写入数据。

（续表）

名称	操作系统	功能描述
Hibari	可以跨操作系统使用	一个高一致性、高性能的分布式键值大数据存储库。NoSQL 数据库的一种。由 Cloudian 公司研发，以支持移动通信和电子邮件服务。2010 年作为开放源代码向外界发布。此数据库取自日文"云雀"，意思是"鸟云"，可用于云计算服务，如社交网络，可满足日常存储 TB 级或新的 PB 级数据之需要。
Riak	Linux、OS X	号称是史上最强大的开源、分布式数据库。用户包括 Comcast、Yammer、Voxer、波音公司、SEOmoz、Joyent 公司、DotCloud、丹麦政府等。
Hypertable	Linux、OS X	这款开源的、NoSQL 的数据库具有高效和快速的性能，性价比极高。源代码 100% 开源，付费即获支持。
BigData	可以跨操作系统使用	这个分布式数据库跟大数据同名。它可以在一个系统或跨成百上千台机器上大规模运行，其功能包括动态分片、高性能、高并发、高可用性等。
Hive	可以跨操作系统使用	基于 Hadoop 的一个数据仓库工具，最早由脸谱网研发，用以提供数据汇总、查询和分析。它可以将结构化的数据文件映射为一张数据库表，并提供简单的 SQL 查询功能。其优点是学习成本低，可以通过类 SQL 语句（HiveQL）快速实现简单的 MapReduce 统计和查询。此外，它还可以存储各类复杂数据。
Infobright	Windows 和 Linux	这种可扩展的、开源的 MySQL 数据仓库支持数据存储可高达 50TB，并提供了"市场领先"的高达 40∶1 数据压缩比例，以提高数据仓库之性能。即使数据量十分巨大，查询速度也很快。不需要建索引，避免了维护索引及索引随着数据膨胀的问题。
Infinispan	可以跨操作系统使用	一个基于 JBoss 的、有着极强的可扩展能力和高度可适用性的数据网络平台。专为多核架构设计，可提供分布式缓存功能。
Redis	Linux	一个开源的、支持网络基于内存的、Key-Value 数据存储服务器，也是最流行的键值数据库。按用户满意度划分，Redis 也被评为排名第一的 NoSQL 数据库。它也提供多种语言的 API。

商务智能

名称	操作系统	功能描述
Talend	Windows、Linux 和 OS X	Talend 研发了各种商业智能和数据仓库产品，其中包括了为处理大数据而做的"Talend 开放工作室"数据集成工具系列，支持 Hadoop、HDFS、配置单元和 HBase 的 Pig。

（续表）

名称	操作系统	功能描述
JasperSoft	可以跨操作系统使用	号称是一款最灵活的、性价比最高和全世界广泛应用的商业智能软件，有开源代码版本，包括 JasperForge.org 上的大数据报告工具。
Palo BI Suite/Jedox	可以跨操作系统使用	该开源代码套件包括一个 OLAP 服务器、Palo 网络、Palo ETL 服务器和为 Excel 而研发的 Palo 商务智能套件。
Pentaho	Windows、Linux 和 OS X	世界上最流行的开源商务智能软件，超过 10 000 家公司在使用。侧重与业务流程相结合的 BI 解决方案，主要适用于大中型企业应用。它允许商业分析人员或开发人员创建报表、仪表盘、分析模型、商业规则和 BI 流程。
SpagoBI	可以跨操作系统使用	据称是"唯一完全开源商业智能套件"。提供一个基于 J2EE 的框架，用于管理 BI 对象如报表、OLAP 分析、仪表盘、记分卡以及数据挖掘模型等。支持 Portal、report、OLAP、QbE、ETL、dashboard、文档管理、元数据管理、数据挖掘与地理信息分析。
KNIME	Windows、Linux 和 OS X	一个开源的、基于 Eclipse 平台开发、模块化的数据挖掘系统。提供对用户友好的数据集成、处理和分析。Gartner 2010 年对 KNIME 的数据分析、商务智能和绩效管理给予了高度评价。
BIRT	可以跨操作系统使用	商业智能和报表工具（The Business Intelligence and Reporting Tools）是一个开源软件项目。它为客户端和 Web 应用程序提供丰富多样的商业智能报告。BIRT 有两个主要组件：可视化 BIRT 报表设计模块和可以部署到任何 Java 环境中、用于生成实时报告的运行组件。

数据挖掘

名称	操作系统	功能描述
RapidMiner/Rapid Analytics	可以跨操作系统使用	世界领先的数据和文本挖掘开源系统。它的数据挖掘任务涉及范围广泛，包括各种数据手段，能高效简化数据挖掘过程的设计和评价。RapidAnalytics 是该产品的服务器版本。
Mahout	可以跨操作系统使用	Mahout 主要用于在协同过滤、聚类和分类领域里，创建和实现基于开源的、分布式或可扩展的机器学习算法。通过使用 Apache Hadoop 库，Mahout 还可以有效扩展到云中。
Orange	Windows、Linux 和 OS X	一个基于组件的可视化开源编程软件。可进行数据挖掘、机器学习和数据分析。它适合新手和专家，包含了多达 100 个组件。用户可通过其窗口界面小部件接口创建一个数据分析工作流程。此窗口小部件提供一些基本功能，如读数据，展示数据表格，选择功能，训练机器预测，比较学习算法，使数据元素可视化等。

（续表）

名称	操作系统	功能描述
Weka	Windows、Linux 和 OS X	Weka（怀卡托知识分析环境）是一个流行的机器学习软件。用 Java 语言写成，由新西兰怀卡托大学研发而成（与之对应的是 SPSS 公司商业数据挖掘产品 Clementine）。这款免费软件可以通过"GNU 通用公共许可证"获得。
jHepWork	可以跨操作系统使用	这种也被称为"jWork"的免费开源软件开发工具，用于 Php/Java/Net 开发的高效、集成的软件开发及网站开发框架，为科学家、工程师和学生提供科学计算、数据分析和数据可视化的交互式环境。它常用于数据挖掘、数学和统计分析。
KEEL	可以跨操作系统使用	KEEL 的全称是 Knowledge Extraction based on Evolutionary Learning（基于进化学习的知识提取），这种数据挖掘开源工具可以评估数据挖掘里的进化算法如回归、分类、聚类和模式挖掘等问题。它包括现有算法的一个大集合，并用于比较新的各种算法，从而找到更高效便捷的数据挖掘算法。
SPMF	可以跨操作系统使用	另类基于 Java 的数据挖掘框架，SPMF 早期集中在序列模式挖掘，但现在还包括关联规则挖掘、序列规则挖掘和频繁项集挖掘工具。它包括 46 个不同的算法。
Rattle	Windows、Linux 和 OS X	一种可轻松学习的 R 语言分析工具。它通过图形化的界面，使非程序员更容易掌握和使用数据挖掘用的 R 语言。它可以创建数据摘要（无论是视觉还是统计方面的）、建模、绘图形、给数据集评分等。

文件系统

名称	操作系统	功能描述
Gluster	Linux	由 Red Hat 赞助，Gluster 为大数据集提供统一的文件和对象存储。它可以用于扩展 Hadoop 现有的、HDFS 的局限。
HDFS	Windows、Linux 和 OS X	Hadoop 分布式文件系统 HDFS（Hadoop Distributed File System）是一个储存和快速处理海量文件的开源软件系统。它的高容错性的特点使其适合部署在廉价的机器和系统上。它能支持高吞吐量的数据访问，非常适合在大规模数据集上的应用。

编程语言

名称	操作系统	功能描述
Pig/Pig Latin	可以跨操作系统使用	Pig 是一个基于 Hadoop 的大规模数据分析平台，它提供的 SQL-LIKE 语言叫 Pig Latin，该语言的编译器会把类 SQL 的数据分析请求转换为一系列经过优化处理的 MapReduce 运算。Pig 为复杂的海量数据并行计算提供了一个简单的操作和编程接口。它使得程序编写、并行数据分析程序维护更容易。
R	Windows、Linux 和 OS X	贝尔实验室研发的一种便于统计计算和处理图像的编程语言和开发环境，类似于 S 编程语言。它可以更容易地操纵数据、执行计算，并生成图表和图形。

大数据搜索

名称	操作系统	功能描述
Lucene	可以跨操作系统使用	Lucene 是一个免费开源信息检索软件库，用于全文检索和搜寻，用 Java 语言写成。由 Apache 软件基金会支持。它是近几年最受欢迎的免费 Java 信息检索程序库。
Solr	可以跨操作系统使用	基于 Lucene 工具的企业搜索平台，也是独立的企业级搜索应用服务器。现在为众多大型著名网站所使用，其中包括 Netflix、AOL、CNET 和 Zappos。

数据聚合和传输

名称	操作系统	功能描述
Sqoop	可以跨操作系统使用	Sqoop 是关系数据库和 Hadoop 之间传输数据的命令行界面开源应用程序。它可以将传统关系型数据库（如 Oracle 等）中的数据导进到 Hadoop 的 HDFS 中，也可以将 HDFS 的数据导入传统关系型数据库中，属于顶级 Apache 工具。
Flume	Windows、Linux 和 OS X	是一款分布式、可靠的、可用于有效地收集、聚集和移动大量的日志数据的开源软件。它还可以对数据进行简单处理，并将其定制，从而为数据使用方所接受。
Chukwa	Linux、OS X	一个开源的用于监控大型分布式系统的数据收集系统。它构建在 Hadoop 的 HDFS 和 MAP/Reduce 框架之上，还包含了一个强大和灵活的工具集，可用于展示、监控和分析已收集的数据。

其他大数据工具

名称	操作系统	功能描述
Avro	可以跨操作系统使用	Apache的Avro的是一种基于JSON定义的架构数据序列化系统。API 可用于 Java、C、C ++ 和 C＃。
Oozie	Linux、OS X	此 Apache 项目旨在协调各 Hadoop 工作的调度。它可以在预定的时间或者基于数据的可用性触发这些工作。
Zookeeper	Linux、视窗（仅开发）、OS X	一个 Apache 开放源代码分布式应用程序软件协调服务。它提供分布式配置、同步服务并为大型分布式系统提供命名注册表，是 Hadoop 和 Hbase 的重要组件。它提供的功能包括：配置维护、名称服务、分布式同步、组服务等。

高效的工具是专业人士的得力助手，了解做大数据项目所需技术后，创新团队需要什么样的大数据人才？以下是一些市场普遍认可的对这种人才所需的技能和知识要求，供企业和政府机构招聘相关人才时作为参考。

1. 教育背景：最好是数学、统计、计算机科学或计算机工程学；最好学过多变量微积分、线性代数等高等数学知识；知道如何处理数据改写。

2. 熟练掌握至少一个统计分析软件如 SAS 或 R。

3. 熟练掌握的编程语言包括 Python、Java、Perl 或 C/C++。

4. 有过运用 Hadoop 平台的经验；会 Hive 或 Pig，或云服务工具如 Amazon S3 更好。

5. 会用 SQL 编写复杂的搜索命令。

6. 有过处理非结构性语言的经验。

7. 有过机器学习的工作经验。

8. 知道如何使数据可视化并以通俗易懂的方式使非专业用户也能明白。

9. 重要的软实力包括旺盛的好奇心、迅速掌握不同行业业务的能力和高效的沟通能力。

第四，就大数据创新所带来的商业和公共利益在企业和政府机构内部达成共识。

在企业和政府机构的决策层、核心业务部门、技术主管（在初创企业，这些角色就集中在一两个人身上）确定了最切实可行和最有市场前景的大数据项目，找到了合适的团队人选（兼职高管、项目经理、商务分析师、程序员、测试师、架构师等）、最佳的研发工具和获得相应的财务预算或初创投资承诺后，需要就规划中的大数据创新预计带来的商业和公共利益在企业和政府机构内部达成共识。这一步的作用在于提前与所有可能受大数据项目影响的部门和员工进行沟通，使大数据可能为企业、政府和具体部门带来收益的观点获得广泛的共识，为此项目未来的顺利实施、各部门的协调支持做好心理铺垫，打好坚实的认同基础。

对于初创企业而言这个环节同样重要。由于顶层设计的任务完全落在创始人、合伙人身上，创业努力方向和期望的收益如果得不到合伙人的认可，影响就是 0 或 1 的结果，即要么合伙人退出，要么产品研发缺乏执行力，即使执行，如果相关人士心里不认同，研发工作也无法达到预期效果。

第五，高效驾驭大数据，挖掘和实现大数据带来的特殊价值。

在项目设计和产品研发阶段，创新团队需要决定到哪里去获得所需大数据，如可以使用现有的，或者到外部去购买，或者从互联网（含移动互联网）去截取等。与此同时，还要考虑这些数据的质量，是否要清理数据，如何储存数据，如何整合其他数据源等，继而构建基于产品研发方向的各种分析算法，或根据市场需求设计独特的架构系统，从而最大限度地发掘这些数据的特殊价值，把这些数据的分析结果呈现在用户面前并使数据产品尽快变现或实现新型政务业务的公众认可等。

第六，从小处入手，运用快速迭代研发、迅速试错的方式稳步推进大数据项目。

与那些一开始就要用传统方法（如在技术部门的提议下，先用流行的技术，构建一个大数据架构，再逐步实施数据测试、调整，直到发现这个架构的初始设计无法适应业务需求）做大数据项目的企业或政府部门不同，中美市场上那些高效的、著名的成功大数据项目几乎都是从小处入手。这些做法包括以下几个要点：

1. 根据既定的大数据用例，先选定一个较小的、可控制、可测量的任务作为切入点。对企业项目，如果计划为用户研发一款智能监测其大型系统性能的大数据软件，可以先选一个指标，比如，服务器载荷临界值监控或金融交易网站某个关键节点、某段时间的访问量。由于很多大型企业都有这些历史数据，业界也有一些指导数据作为衡量指标，分析软件算法构思就可以先从监视和预警这几个小的临界值开始。对于政府项目，如果规划用互联网开放大数据项目缩减和整合各种烦琐的企业经营审批程序，可以先从一两个有紧密关联业务部门的各种重叠数据入手，重新设计两部门衔接的业务流程，界定非重复的业务数据及其流向。

2. 通过测试小（批量）数据样本，来验证大数据项目在这个切入点上的分析和算法概念是否合理，效果如何，是否有可推广价值，并根据测试结果调整初始的算法和分析手段。还是用上述例子，在分析软件程序构建好后，可以在企业内部开始测试，看软件是否会在预定时间内当测试数据接近或超过临界值时，发出预警。通过这个小规模测试可以知道设计是否合理、有效。而政府也可以把重新设计的业务和数据流程放到内网上，用小量数据进行测试，判断其功能、设计理念是否合理、完备等。

3. 在经过小数据测验、试错后，迅速迭代研发，调整产品服务设计，逐步扩大应用范围，直到符合项目和产品初始设计的规模。对上述模拟的企业产品而言，如果通过这个试错阶段和设计调整，获得了对一到两个临界参数的监控和预警功能的预期设计结果的证据，那么就可以逐步扩大到各主要监测对象和参数，最终完成整个产品的设计和调试。对上述模拟的政府项目来说，如果其设计能通过这个试错阶段，那么就可以逐步扩大到更多部门，最终获得项目界定的所有部门的开放数据整合、重组，并对改进的业务和数据流程进行测试，以期顺利完成项目的各项设计指标。

实践证明，从小处着手的、迅速试错和快速迭代的开发方法实际上最快、最省钱、最高效。它使创新团队以最小的代价，迅速认识到自己在设计和研发中的缺陷，证明自己的创意理念是否合理，最终大大提高大数据项目和产品的成功率，从而使研发和投资长期获得可观的回报。

2015 年大数据创新应用趋势

• In-Memory 数据库越来越普及

随着大数据的几个大 V 特征越来越显著，即数据形式越来越复杂，变化越来越多样，数据量越来越大，要跟上这种形势，就需要更便捷、数据处理速度更快的数据库。大数据用户的决策越来越依赖基于实时处理的而非过时的历史数据。而如前所述的内存数据库 In-Memory database，由于其优于传统数据库的种种特点，如数据处理速度快、高效等，市场应用会更广泛。

• 更多普通员工也可以操控大数据

随着数据文化在大数据时代扮演着越来越重要的角色，企业、政府机构要招募到合适的、资深的大数据人才会越来越难。大部分时候，他们只能依赖从外部找来的各种数据专业顾问。2015 年开始，随着更多智能性高、移动化强的大数据平台和工具推向市场，没有受过特别数据技术培训的普通员工也可以很轻松地收集、分析数据，并制作基于数据的业务报告，更有信心地做出各种商业或政务决策。魔镜大数据就是其中的一个典型例子。

• 物联网与大数据应用相互促进

根据 Gartner 的预测，2015 年是物联网作为信息技术热点重回市场的一年。从概念到实践，物联网及其相关设备和软件的研发以及商业化已日趋成熟。基于传感器的大数据变得越来越触手可及。这包括传感器到传感器、机器到传感器的数据收集、关联和分析，可穿戴设备记录人的行为数据等，最后都可以通过物联网实现。从 2015 开始到今后 5 年里，这种基于物联网的大数据技术和相应的产品会越来越普及。前面提到的大数据和物联网技术整合应用帮助德国队赢得 2014 年世界杯仅仅是开始。

• 基于大数据的深度用户行为分析会更加精准、有效

从物联网、社交媒体、可穿戴设备上收集到的各种产品和服务消费受众的大数据，由机器学习和深度学习带来的对消费者、产品用户各种消费行为的细致入微的洞察，无论是地理位置、购物、娱乐还是个人喜好等数据，都会使运营商、广告商、产品研发和生产商更加注重关注其目标客户细致入微的数据，从而更加有的放矢地提供相应的产品和服务。爱奇艺的案例就是最典型的应用。

• 管理好一支高效得力的人力资源队伍是各企业和政府机构人事部门日常工作的重点

运用大数据技术收集、分析现有员工对工作、团队、同事、客户、上下级和企业发展的情感和工作 KPI 数据、个人职业规划数据等，可以帮助企业留住特别需要的员工，提高员工整体满意度和工作效率，招聘到所需的人才。美国的美洲银行已成功运用这种大数据技术大幅度提高了人事管理的效率。这个趋势刚开始在欧美兴起，估计中国企业很快也会开始重视并采取行动。

• 根据大数据分析结果重组企业业务和政府服务重点

大数据技术及其应用最重要的目的是给用户带来不同于传统技术和商业

模式的特殊价值。对企业来说，通过深度洞察其产品和服务用户的行为、价值取向、人口经济特征、地理分布特点、消费需求等数据，可以通过重组现有业务组合，更好地配置企业内部资源，使其更加高效、灵活、协同和执行力更强，从而调整现有产品或服务的性能、价位，不断推出更为用户所接受的新产品的流程更加便捷，可以对市场需求做到实时响应。对于政府服务而言，通过收集到的详尽具体的舆情数据，可以全面地了解民生需求，调整机构和人员配置，以便更好地服务公众利益。这个趋势会逐步颠覆以僵化的机构设置去管理和满足用户需求的传统做法，代之以数据做决策和运营管理的重要参考指标。通过数据文化对企业和政府机构运作的渗透和影响，使重视数据的企业成为市场赢家，重视数据的政府公信度更高，推出的创新服务和政策更受民众欢迎。

• 更优化的大数据架构和有良好营利模式的大数据企业成为大赢家

经过 6 年多的研发、测试和早期产品推广，全球大数据生态圈和版图已逐渐成熟，市场应用正在如火如荼地展开。那些拥有高效合理大数据架构及其商业营利模式经过市场验证，能为用户带来特殊价值的企业在 2015 年，赢利速度会加快，在跨行业、跨国和垂直细分市场的占有率也会迅速扩大。这个趋势在中美市场里非常显著。在美国，领军企业包括像 Cloudera 和 MapR 在内的公司将于 2015 年登陆纳斯达克。在中国，像九次方大数据、Talkingdata、明略大数据等初创企业携 X 轮融资和创业实现赢利之势，逐鹿中原，蓄势成为细分市场霸主。与美国企业不同，这些中国企业需要注意的是创始人必须持续关注市场需求变化、竞争对手的动向、企业的产品创新、售后服务和追求对细分市场的垄断地位，不要把过多的精力放在担任各种社会职位和媒体曝光上，不要在产品不成熟时急于推向市场，不要为了占领市场而以产品和服务质量为代价。

• 大数据企业兼并潮开始出现

与大赢家相反，那些几年前获得天使投资，虽然也很努力，但因为选错了大数据创新创业方向，或营利模式不佳，市场应用太窄，大数据架构不合理的初创企业，无法获得市场肯定，在早期投资烧完前还没看到隧道尽头的赢利亮光时，2016 年就可能出现规模性的大数据企业被收购和兼并状况。那些资金雄厚的大企业投资的大数据内部创新实验项目，届时也会因为如前所述原因，面临无法营利、看不到前景而被裁掉或出售的命运。当然这种情况会更多地出现在美国，因为其大数据应用要先于中国一年半到两年。IBM 收购 Phytel（医疗云计算公司）和 Explorys（医疗大数据分析公司），获得 650 万美元风投的 Outbox（大数据初创企业）宣布破产，2015 年 11 月戴尔公司收购 EMC（云计算 / 云存储服务商）等案例，是这个潮流的最好代表。

• 企业数据民主和应用去中心化进程将成为新常态

随着大数据日益成为企业决策、日常运营、产品研发、客户服务、市场推广，甚至人力资源管理的依据和驱动力，从前那种只有企业高管和特别技术人员才能驾驭和使用公司数据，数据只集中在技术部门的现状会被逐步打破。数据的使用会从特定的几个部门扩展到整个企业，更多的非专业人士也可以依据跟自己业务相关的数据做每日即时报表，通过可靠的数据为依据，而非简单的领导意见来做日常的业务判断，甚至决策。这个趋势在 2015 年会随着各种便捷的大数据软件的问世和普及而开始流行。通过企业的数据民主化，让一部分人先用起数据来，最后变为人人可共享企业的大数据资产，在提升自身部门业务水平的同时，促进部门间协调和流畅性，最终达到企业整体运营高效，不同部门沟通流畅，产品研发和推广更符合市场所需，持续保持市场竞争力的局面。

美国 2015 年获得最多投资支持的 10 个大数据初创企业

根据《福布斯》杂志 2015 年 2 月的报道，到目前为止，美国获得最多投资支持的 10 个大数据初创企业如下：

1. Cloudera，基于 Hadoop 的大数据软件服务与培训企业，获得 10.4 亿美元融资。

2. Palantir，大数据分析与咨询企业，获得 9.5 亿美元融资。

3. MongoDB，高效处理非结构性数据的跨平台 NoSQL 数据库企业，获得 3.1 亿美元融资。

4. Domo，基于云计算的商务智能大数据可视化软件企业，获得 2.5 亿美元融资。

5. Mu Sigma，大数据与分析服务管理咨询公司，获得 1.95 亿美元融资。

6. DataStax，基于 Apache Cassandra 的大数据平台与软件企业，获得 1.9 亿美元融资。

7. MapR，基于 Hadoop 的大数据软件服务与培训企业，获得 1.74 亿美元融资。

8. Guavus，大数据智能运营平台，获得 1.7 亿美元融资。

9. Opera Solutions，大数据技术与分析企业，着眼于帮助企业实现大数据价值变现，获得 1.2 亿美元融资。

10.（并列）Adaptive Insights，基于云计算的商务智能软件企业，获得 1 亿美元融资。

11.（并列）GoodData，基于云计算的商务智能软件企业，获得 1 亿美元融资。

其中 4、6、9、10 和 11 的企业，在中国国内还没有广泛宣传，不过它们都代表了美国大数据的创新方向。笔者前面提到的房贷美大数据监测项目跟 Guavus 的产品性能类似，其实就是把一款大数据软件安装在客户的服务器和网络的主要节点上，通过对网络海量数据交换和传输的实时监控，及时预警可能出现的异常和问题。这种大数据软件对于大型电商、电力、电信、金融等行业意义重大，好像目前国内还没有相关品牌产品，算是个有意义的创新方向。另外，基于云计算的商务智能软件企业就占了 3 家，也是个非常有前途的创新方向。

2015 年大数据分析厂商中国前 50 名排行榜

排名	厂商	综合评分（10）	分项得分（10）			
			创新能力（35%）	服务能力（20%）	解决方案（30%）	市场影响力（15%）
1	IBM	9.1	10	8.5	8.5	9
2	Oracle	8.7	9	8	8.5	9
3	Google	8.6	9	8	8.5	8.5
4	Amazon	8.5	9	8	8.5	8
5	HP	8.3	8.5	8	8.5	8
6	SAP	8.2	9	8	7.5	8
7	Intel	8.1	9	8	7.5	7.5
8	Teradata	8.0	8.5	8	7.5	8
9	Microsoft	7.9	8	7.5	8	8
10	阿里	7.7	8.5	7	7	8
11	EMC	7.4	8	7	7.5	6
12	百度	7.0	8	5	7.5	6
13	Cloudera	7.4	7.5	8	7.5	6
14	雅虎	7.0	8	6.5	6	7
15	Splunk	7.1	8.5	7.5	6	5.5
16	腾讯	7.0	7	6	7	8

（续表）

排名	厂商	综合评分（10）	分项得分（10）			
			创新能力（35%）	服务能力（20%）	解决方案（30%）	市场影响力（15%）
17	Dell	6.6	7	6.5	7	5
18	Opera Solutions	6.3	7	5.5	6.5	5
19	Mu Sigma	6.0	6.5	5	6	6
20	Fusion-io	6.1	7	5.5	5.5	6
21	1010data	5.8	6	6	5	6.5
22	SAS	5.8	6.5	5	5.5	6
23	Twitter	5.7	5	6	6	6
24	LinkedIn	5.6	6	4	6.5	5
25	华为	5.9	6	5.5	6	6
26	淘宝	5.3	6	4	6.5	3
27	用友	5.3	6	4	5.5	5
28	曙光	5.2	6	5	5	4
29	东软	5.2	6	5.5	4.5	4
30	MapR	5.2	6	5.5	4.5	4
31	金蝶	5.1	6	5	4	5.5
32	Alpine	5.1	6	5	4.5	4.5
33	高德	5.1	5.5	6.5	4	4.5
34	Fujtsu	5.1	6	5.5	4	4.5
35	华院数云	5.1	6	5.5	4	4.5
36	博康智能	5.0	5.5	5.5	4.5	4
37	九次方金融数据	5.3	6	5	4.5	5.5
38	永洪科技	4.9	5	6	4.5	4
39	集奥聚合	5.0	5	5	5	5
40	国双科技	4.5	4.5	5	4.5	4

（续表）

排名	厂商	综合评分（10）	分项得分（10）			
			创新能力（35%）	服务能力（20%）	解决方案（30%）	市场影响力（15%）
41	百分点	4.5	5	5	4	3.5
42	荣科	4.3	3.5	6	4.5	3.5
43	博雅立方	5.0	5	5.5	5	4
44	亿赞普	4.3	5	3	4.5	4
45	InsideSates	4.4	4.5	4.5	4.5	4
46	众志和达	4.3	4	6	3.5	4
47	颖源科技	5.0	5	5.5	4.5	5
48	星环科技	4.2	5	4	3.5	4
49	拓尔思	4.2	4	4	5	3
50	国云数据	4.1	4.5	3	4	5

源自《互联网周刊》，2015年3月9日

从排名上看，虽然国内企业占了一半，但前10名里只有1家，前25名只有4家是中国企业。如果考虑到中国的大数据企业在全行业光谱上大多位于数据分析应用、集成端，这个排名挺有警示意义的。

在本书即将完成之时，韩国突然暴发中东呼吸道综合征疫情（MERS），2015 年 5 月底 6 月初仅几天内，4 人死亡，3 000 多人被隔离，大约 100 所学校被关闭，到处人心惶惶，平日繁华的首尔街头几乎要门可罗雀，颇似中国曾经遭受 SARS（重症急性呼吸综合征）的经历。而香港也开始有旅韩返港人士受感染，这也让中国内地处于高度戒备状态。如何预测和跟踪这种急性传染病又是各国政府和社会面临的一个紧迫挑战。

下页是百度疾病预测 6 月 11 日的截屏图（见图后 –1），很遗憾里面没有 MERS，即使流感类里也没有特别区分出 MERS 这一项。

而远在大西洋彼岸的健康地图一刻也没歇着。6 月 11 日当天，其全球健康地图显示全世界已有 378 起确认和疑似 MERS 和 SARS 的正式与非正式报道。同一天的健康地图截屏图（见图后 –2）则反映出 MERS 从中东传入韩国（深色表示严重），进而包围并向中国东部沿海（图中香港、广东、广西及内地的疑似病症报道）扩散的可能趋势。由于世界旅行者的日益频繁互动，从这张世界健康地图中还可以看出如今在东南亚、日本、北欧和美国也出现了疑似病例。

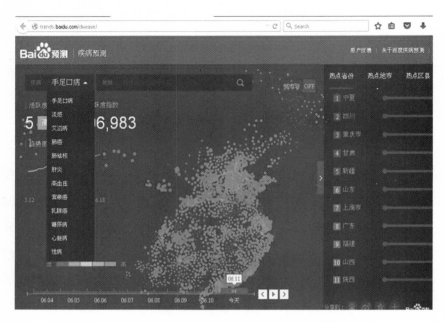

图后 -1　百度疾病预测 2015 年 6 月 11 日截屏图

图后 -2　健康地图 2015 年 6 月 11 日截屏图

　　下图（见图后-3）是健康地图在 2015 年 5 月 30 日的中文版。从中可看出，当时全球 MERS 加 SARS 只有 116 例报道，韩国已标识为深色，而关于香港传染 MERS 的报道已开始。

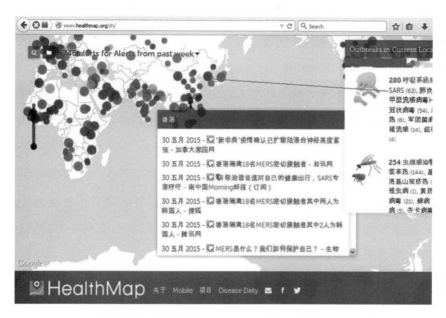

图后-3　健康地图 2015 年 5 月 30 日截屏图

　　这个案例说明中国企业要想做出对世界有影响的大数据创新产品和服务，一定要让其产品和服务符合全球各国的实际情况。也只有做出对世界有影响的创新，别人才会认可你的世界创新领导力。

　　就在 MERS 暴发的同时，6 月 1 号晚，东方之星客轮沉没在湖北省监利县长江中，造成 442 人遇难的重大伤亡事故。尽管失事的很多细节还在调查中，但从大数据社会运用的角度看，有很多地方值得深思。比如对政府天气预报部门而言，运用大数据做全国和具体地区中短期天气和灾害预报是各发达国家政府不遗余力花重金做的事。这其中就包括通过对卫星和雷达云图及其变化的海量数据收集，大气科学家和数据分析师运用超级计算机网络进行分析和计算等。通过这些努力，一个地方及其局部短期是否有灾害性天气，其所处的水文地质条件如水流状况、风力、风速、风向会发生何种变化等实时数据就可以被交通运输、安全监管部门及时掌握和有效利用，并作为对辖区范围内和周边水路空范围内的船只、车辆和飞行器日常运营进行及时预警、干预、救援和事故调查的准确依据。对轮船公司日常运营而言，如其能装备有可随时收集和监控此类灾害性天气数据的信息管理系统（包括通信、导航、传感器和相关的对内对外自动报警设备等）作为运营决策依据，加之完善的危机处理管理手段，这些都会大大提升轮船公司的运营安全和效率。这也是大数据具体运用创新的又一实例。

中国大数据未来的创新图景会怎样展开？与其做那头台风来时才会顺势腾飞的憨猪，不如当那只扇动翅膀鼓动大数据台风的彩蝶。纵观当今全球大数据创新最新趋势，大数据在 2025 年前会进入 4.0 时代，它的主要特征表现在以下四个方面：

> 大数据与信息技术其他各个层面特别是智能制造业的有机融合与运用，智能机器不仅可以替代人的许多繁重体力工作，甚至可以开始替自己和人类做简单决策。

这种有机融合与运用可以通俗地用"大数据＋"来表示。届时，拥有对大数据（机器内部产生的数据和外部周遭环境内既有的各种数据）进行自采集、自整理、自学习、自分析和自主动智能机器的出现，不仅可以替代人的许多工作（现在的谷歌和百度无人驾驶汽车只是其中一种模式），最重要的是它可以进行自主修复自身损伤并最终实现既定目标。这种机器人的雏形已出现在 2015 年 5 月 28 日《自然杂志》专文介绍中。而在制造业流水线上广泛运用的智能机器设备也不只是按编好程序被动地执行焊接、切割、抓举、运输、组装等动作，而是可根据当时的环境实时变化和编程逻辑里未预见的状况，发挥智能机器自主学习功能，及时调整自身功能甚至到外部获取所需资源，最终实现既定目标。可以预计，随着相关技术的日益成熟，那些科幻片里才有的智能机器在未来 15 年内的现实生活中会触手可及。

> 大数据作为企业重要资产和特殊的管理决策支持工具，其价值和重要性为世界多数企业所认同，大数据运用成为企业日常运营新常态。

大数据与其他技术和商业模式的整合运用，充分体现在其日常业务的各个环节里。传统的企业管理、决策和运营模式被彻底颠覆。大批无法适应或拒绝运用数据做决策和管理依据的企业在竞争中会黯然退出市场。大数据用例及其资产价值将决定或驱动商业模式和产品创新。大数据成为提高企业竞争力、客户满意度、人力资源管理效率和决策准确度的创新杠杆。大数据管理去中心化带来的数据应用民主和大数据分析工具"傻瓜化"使得企业一线员工也能懂数据、用数据并依此指导自己的日常业务。即使是初创企业，无论是开面馆还是网店，学会利用顾客消费数据来指导日常经营的创业家更有可能在竞争中胜出。

> 大数据颠覆传统金融行业运营模式，一方面金融服务及其产业链服务过程更透明，另一方面金融服务消费者借助掌握的金融开放数据和市场竞争获得各种更多实惠。传统金融企业业务逐步被新兴大数据金融企业所替代。整个全球金融生态圈和经营板块出现颠覆性变革。

肯硕案例说明，传统金融企业，从投资银行、商业银行、信用社、证/债券公司、金融保险公司到各种基金、信用卡公司和国有金融管理企业，往往靠拥有并掌握市场第一手业务数据而获得暴利。美国 2010 年金融业收益占整个非农业行业盈利的 50%。随着金融大数据交易和收集手段的日益公开和便利，整个金融企业间服务链（如个人/商业/按揭贷款、信用卡申请和审批、互联网金融、各种资本市场产品与服务、风险管理、资产管理等）节点间流动的海量数据变得越来越容易获得，进而增强了交换/交易数据的实效性、客观性和透明度，以前封闭的、垄断的敏感数据也因日益公开的数据交易变得更为大众化。企业和个人征信数据更加透明、及时，信用风险大大降低。企业基于大数据跟踪和监控机制使得债券发行和资产管理效率更高，费用更低，抗风险能力更强。而与此同时，消费者非营利金融服务组织和政府机构可以充分利用这些公开的交易数据，及时向消费者提供如各种实时的利率变化数据、市场动态数据等，消费者则可以充分利用这类数据和便利的互联网金融服务，获得最大的投资回报和顾客满意度。那些抗拒或跟不上大数据运用的传统金融企业其业务和客户被善用大数据的新兴互联网金融企业和大数据高科技创业企业快速侵蚀甚至替代。

> 大数据运用开始无所不在地介入社会管理领域的各个角落。开放大数据不仅成为各级政府管理社会事务的依据，而且主导政务创新方向和具体细节。

随着世界各国各级政府和非营利组织对其服务大众相关联的各种大数据的采集、处理、分析、共享，大数据作为一种公共资源和社会创新工具越来越广泛地被运用在各种公共管理和服务项目中。其中，依据大数据分析、研究和价值挖掘来设计更受欢迎的公共政策，通过有效管理社会公共大数据，简化行政管理和审批审核程序，政府和有影响力的非营利组织的执行力、公信度和满意度也通过相应的开放大数据收集分析而获得更客观的评估。基于大数据的政府各项决策更加客观和理性，办事效率更高。通过对各种特定目标大数据的收集、分析和监控，各级政府对各种社会经济突发事件和紧急情况的预警、处置和善后能力更加成熟。这些都将成为大数据影响世界各国各级政府和社会管理的普遍用例。

2015 年 4 月贵阳大数据交易所正式挂牌成立。5 月贵阳国际大数据产业博览会圆满成功。此次盛会云集了郭台铭、李彦宏、马云、马化腾、雷军等知名企业家，包括微软、谷歌、英特尔、惠普、阿里巴巴、富士康、奇虎 360、华为在内的近 300 家国内外大数据领军企业参展，这其中包括本书案例中的中国大部分大数据企业。这次大会反映了自 2011 年来中国大数据研究最新成就和大数据在公共事务和商业领域运用的盛况，也是政府开放公共大数据和支持开放大数据交易的重要里程碑。2015 年 8 月 19 日国务院通过《关于促进大数据发展的行动纲要》，大数据正式提升为国家战略，从中央各部委到各省市都开始出台和筹划各项具体支持政策和措施。希望以此为契机，从观念上以"大数据+"为出发点、手段和社会创新方法，在实践中以企业运用大数据创新改造整合传统产业链以增强竞争力和完成转型，以政府依法开放和规范大数据为其社会广泛运用保驾护航，以个人运用大数据在各领域创新创业开疆扩土，最终造就整个中国社会从思维、文化到日常行为都以数据、证据为出发点和归宿，并使之成为社会管理和经济运行新常态的重要组成部分。

中国要想重新引领世界创新，重夺宋明时代世界创新中心地位，大数据+（互联网、物联网、人工智能、高端制造业和发达的软件）在全社会的高效和广泛运用是与西方发达国家并驾齐驱最好的弯道超车工具。

非常感谢家人，由于他们一如既往的支持和鼓励，我才能专注地审视自己这 10 年来所做的 (大) 数据产品创新工作，并以此为切入点，把自己近几年对中美大数据运用和创新的观察与实战经验整理成书。

2014 年拙作《像金融投资一样做创新》出版后，我应邀到浙江湖州参加当地政府组织的企业、政府创新论道和演讲。期间与微总部科技发展有限公司董事长徐德清博士探讨了如何运用大数据杠杆推动中国社会全面创新的话题，理清了本书的大致轮廓。回到上海，我与多年挚友、"创新私塾"创始人周宏桥沟通了新书构想。他在鼓励之后，也提了一些中肯的建议。回到华盛顿，在继续为银行客户做商业信息技术和客服大数据项目咨询之余，我便开始了日复一日的新书创作。2014 年末与 2015 年初的冬天，华盛顿地区数场大雪纷飞，对很多人来说那个冬天好像冰天雪地无穷期，而我由于沉浸于写书之乐，则感觉莺歌燕舞春意融融。

2015 年春天，我认识了"全世界最好的大数据专著"《大数据时代》的作者，牛津大学教授维克托·迈尔 - 舍恩伯格 (Viktor Mayer-Schonberger) 先生。当我把新书提纲和思路跟他分享后，意外地得到他的详细指教和大力支持，使我受益匪浅。对于百忙之中奔走于全球的著名互联网和大数据研究大咖而言，此举令我非常感动和备受鼓舞。他特意提出为我的新书做背书也使我对自己所做的事情信心倍增。借新书出版之际，我再次向他特别致谢。同时，我也感谢著名的《大数据云图》作者大卫·芬雷布（David Feinleib）的支持。

我的卡内基·梅隆大学好友，畅销书《数据巅峰》作者、阿里巴巴副总裁涂子沛和北京明略数据副总裁周卫天先生在成书期间也提供了非常有益的启发和实战经验分享。在此一并鸣谢。

特别感谢忙里偷闲为本书提供中国市场大数据运用最新商战案例和建议的爱奇艺总裁龚宇先生，阅读事业部总监冻千秋和市场部刘丹女士，苏州国云数据科技有限公司总裁马晓东先生，北京腾云天下科技有限公司总裁崔晓波先生和市场部李珊女士，北京明略数据市场营销总监刘静女士，百融金服首席执行官张韶峰先生及市场部沈丹凤女士，九次方大数据总裁助理王亚川先生和百度大数据部高级产品经理张浩先生。你们的大力支持使读者能够零距离感受中国本土大数据企业和创业家们在运用大数据技术和商业模式进行创新创业的实战精神。这些企业和企业家凭着与西方发达国家进行高科技弯道赛车的"速度与激情"，在大数据领域开疆扩土，促进政府服务向着高效、精准的科技化目标提升，进而促进整个中国的大数据水平的提高。

鉴于本人写作水平有限，错误和遗漏在所难免。我的电子邮箱地址是gjiang2011@gamil.com，还望读者来信不吝赐教，我们共同切磋与提高。

江晓东

2015 年 11 月 1 日于美国华盛顿

[1] 维克托·迈尔 – 舍恩伯格，肯尼思·库克耶. 大数据时代 [M]. 盛杨燕，周涛，译. 杭州：浙江人民出版社，2013.

[2] 涂子沛. 数据之巅 [M]. 北京：中信出版社，2014.

[3] 阿莱克斯·彭特兰. 智慧社会：大数据与社会物理学 [M]. 汪小帆，汪容，译. 杭州：浙江人民出版社，2014.

[4] 周宏桥. 跨界引爆创新 [M]. 北京：电子工业出版社，2014.

[5] 江晓东. 像金融投资一样做创新 [M]. 北京：机械工业出版社，2014.

[6] 大卫·芬雷布著. 大数据云图 [M]. 盛杨燕，译. 杭州：浙江人民出版社，2013.

[7] 车品觉. 决战大数据 [M]. 杭州：浙江出版社，2013.

[8] 郭昕，孟晔. 大数据的力量 [M]. 北京：机械工业出版社，2013.

[9] 冯启思著. 对"伪大数据"说不 [M]. 曲玉彬，译. 北京：中国人民大学出版社，2015.

[10] 迪莉亚. 大数据环境下政府数据开放研究 [M]. 北京：知识产权出版社，2014.

[11] 冯启思. 数据统治世界：如何在数据统计中挖掘商机与做出决策 [M]. 曲玉彬，译. 北京：中国人民大学出版社，2013.

[12] 戈登·贝尔，吉姆·戈梅尔.全面回忆：改变未来的个人大数据 [M].漆犇，译.杭州：浙江人民出版社，2014.

[13] 克里斯托弗·苏达克.数据新常态：如何赢得指数级增长的先机 [M].余莉，译.杭州：浙江人民出版社，2015.

[14] 塞拉，伊斯特伍德，鲍尔.商业模式重构：大数据、移动化和全球化 [M].朱莹莹，廖晓红，陈晓佳，译.北京：人民邮电出版社，2014.

[15] 克莱顿·克里斯坦森.创新者的窘境 [M].胡建桥，译.北京：中信出版社，2014.

[16] 克里斯滕森，安东尼，罗恩.远见：用变革理论预测产业未来 [M].王强，译.北京：商务印书馆，2006.

[17] 克里斯·安德森.长尾理论 [M].乔江涛，译.北京：中信出版社，2012.

[18] 彼得·德鲁克.创新与企业家精神 [M].蔡文燕，译.北京：机械工业出版社，2012.

[19] 杰夫·戴尔，赫尔·葛瑞格森，克莱顿·克里斯坦森.创新者的基因 [M].曾佳宁，译.北京：中信出版社，2013.

[20] 大前研一.创新者的思考：发现创业与创意的源头 [M].王伟，译.北京：机械工业出版社，2013.

[21] 克莱顿·克里斯坦森，詹姆斯·奥沃斯.你要如何衡量你的人生 [M].丁晓辉，译.长春：吉林出版集团有限责任公司，2013.

[22] 威廉·泰勒.颠覆性创新 [M].南溪，译.北京：中华工商联合出版社，2013.

[23] 安德森.创客：新工业革命 [M].萧潇，译.北京：中信出版社，2012.

[24] 周宏桥.半面创新：实践者的创新制胜之道 [M].北京：机械工业出版社，2013.

[25] 陈威如，余卓轩.平台战略：正在席卷全球的商业模式革命 [M].中

信出版社，2013.

[26] 孙陶然 . 创业 36 条军规 [M]. 北京：中信出版社，2012.

[27] 宁钟 . 创新管理：获取持续竞争优势 [M]. 北京：机械工业出版社，2012.

[28] 彼得·德鲁克 . 卓有成效的管理者 [M]. 许是祥，译 . 北京：机械工业出版社，2009.

[29] 沃尔特·艾萨克森 . 史蒂夫·乔布斯传 [M]. 管延圻，魏群，余倩，赵萌萌，汤崧，译 . 北京：中信出版社，2011.

[30] 格里纳尔德，卡恩 . 积极型投资组合管理：控制风险获取超额收益的数量方法 [M]. 廖理，译 . 北京：清华大学出版社，2008.